高等院校精品课程系列规划教材·高等数学

概率统计教程

叶　臣　　陈军刚　　周晖杰　主编

ZHEJIANG UNIVERSITY PRESS
浙江大学出版社

图书在版编目（CIP）数据

概率统计教程 / 叶臣,陈军刚,周晖杰主编. —杭州：浙
江大学出版社,2011.6(2023.2 重印)
　ISBN 978-7-308-08732-2

　Ⅰ.①概… Ⅱ.①叶…②陈…③周… Ⅲ.概率统
计－高等学校－教材　Ⅳ.①O211

　中国版本图书馆 CIP 数据核字（2011）第 097675 号

概率统计教程

叶　臣　陈军刚　周晖杰　主编

责任编辑	张　鸽	
封面设计	十木米	
出版发行	浙江大学出版社	
	（杭州市天目山路 148 号　邮政编码 310007）	
	（网址：http://www.zjupress.com）	
排　版	杭州青翊图文设计有限公司	
印　刷	嘉兴华源印刷厂	
开　本	710mm×1000mm　1/16	
印　张	11.5	
字　数	225 千	
版印次	2011 年 6 月第 1 版　2023 年 2 月第 12 次印刷	
书　号	ISBN 978-7-308-08732-2	
定　价	29.00 元	

前　言

概率论与数理统计是研究和揭示随机现象统计规律性的数学学科,也是高等院校大部分本科专业的一门十分重要且应用广泛的公共数学基础课.这门课程不仅具有数学课程所共有的特点——高度的抽象性、严密的逻辑性和广泛的应用性,而且在思维方式、处理问题的主要方法上与高等数学、线性代数等公共数学基础课有许多不同之处.一定程度上可以说,研究概率统计问题时不能完全拘泥于传统的数学思维,而要用随机的目光,透过表面的偶然性去寻找内部蕴含的必然性.因此,该课程不仅难学,而且难教.

《概率统计教程》依据国家教育部颁布的"概率论与数理统计课程教学基本要求",针对当前普通高校学生的特点,同时考虑到教学计划课时少的现状,在编写过程中,我们力争做到叙述简洁、深入浅出、清晰易懂、重点突出,便于教,利于学,强调基础知识、基本思想、基本方法,配以例题和解析,使学生易于掌握内容要点,注重学生基本运算能力的训练及分析问题、解决问题能力的培养.习题的选择和安排在满足课程基本要求的基础上,兼顾了学生参加 2+2 考试和将来考研的难度要求,满足不同层次学生的学习需要.

本书可作为普通高等院校非数学专业"概率统计"课程的教材或教学参考用书.

本书的出版得到宁波大学科学技术学院、浙江大学出版社的大力支持,在此表示衷心感谢.

因时间紧促、经验有限,书中疏漏与不当之处,恳请读者指正.

编　者

2011 年 5 月

目　　录

第1章 随机事件及其概率

自然界和人类社会活动中存在两类不同的现象,一类是**确定性现象**,一类是**随机现象**.**确定性现象**是指在一定条件下必然出现或不出现某种结果的现象.例如,一枚硬币向上抛起后必然会下落;标准大气压下,水加热到 50℃ 一定不会沸腾等都是确定性现象.研究确定性现象的数学工具是微积分学、线性代数等经典数学理论和方法.**随机现象**是指在一定条件下可能出现的结果不止一个,全部可能结果事先已知,但至于出现哪一个结果事先又无法确定的现象.例如,抛一枚硬币出现正反面的情况,掷一颗骰子出现的点数,某同学下午 1 点至 2 点接到的电话数,使用取款机的服务等待时间等都是随机现象.

概率论是从数量的侧面研究随机现象的规律性的数学分支,是随机数学的基础课.**数理统计**讨论概率论的思想和方法在实际问题中的应用.概率统计方法在自然科学、社会科学等几乎所有的领域都有广泛的应用.由于随机问题的特殊性,在概率论中分析问题、解决问题的思想和方法有别于其他数学课,关键是对概率思想的理解.

通过本课程的学习,掌握分析、解决随机问题的基本思想和基本方法,建立、训练和完善随机性思维,也为后续课程的学习打好基础.

本章介绍概率论中的基本概念——随机试验、样本空间、随机事件及其概率,并进一步讨论随机事件的关系与运算,以及概率的性质与计算中的一些初等方法.

§1.1 随机试验及随机事件

1.1.1 随机试验

为了研究随机现象,就要对随机现象进行观测,观测的过程称为**随机试验**,简称为**试验**.例如,观察一次抛两枚硬币出现正反面的情况;测量某一物体的长度;考查某段高速公路一周内发生的交通事故数等.

概率论中随机试验的特点如下:

(1) 在相同的条件下试验可以重复进行;

（2）每次试验的结果具有多种可能性，而且在试验之前可以明确试验的所有可能结果；

（3）在每次试验之前不能准确地预言该次试验将出现哪种结果．

例如，上抛一枚硬币，观察其正反面出现情况，这就是一个随机试验．

1.1.2　样本空间

随机试验的每一个可能结果称为一个**样本点**，一般用 ω 表示．对某一个随机试验而言，所有样本点构成的集合称为**样本空间**，一般用 Ω 表示．

例如，在抛一枚硬币的试验中，所有可能结果有两个——正面、反面，即有两个样本点，样本空间 $\Omega = \{$正面，反面$\}$，若设 $\omega_1 =$ 正面，$\omega_2 =$ 反面，$\Omega = \{\omega_1, \omega_2\}$；在掷一颗骰子的试验中，样本空间 $\Omega = \{1,2,3,4,5,6\}$；在观察某交通路口中午 1 小时内汽车流量（单位：辆）的试验中，样本空间 $\Omega = \{0,1,2,3,\cdots\}$；在观察一个灯泡使用寿命（单位：小时）的试验中，样本空间 $\Omega = [0, +\infty)$ 等．

按包含样本点的属性，样本空间分为离散型样本空间和非离散型样本空间．离散型样本空间是指包含有限个或可列无穷多个样本点的样本空间；非离散型样本空间是指包含不可列无穷多个样本点的样本空间．

注：给定样本空间是描述随机现象的第一步．

1.1.3　随机事件

1. 随机事件的定义

通俗地讲，在一次随机试验中，可能发生也可能不发生的事件称为**随机事件**，简称为**事件**．随机事件一般用大写英文字母 $A,B,C,\cdots$ 表示，也可用语言叙述加花括号或引号的形式来表示．例如，在掷一颗骰子试验中，$A = \{$点数为 1 点$\}$ 是一个随机事件，包含一个样本点；$B = \{$点数小于 4 点$\}$ 也是一个随机事件，包含三个样本点；$C = \{$点数为奇数点$\}$ 也是一个随机事件，包含三个样本点．可见事件 A,B,C 都是由样本空间 Ω 中若干个样本点构成的．

因此，准确地讲，**随机事件是由样本点组成的集合，或者说是样本空间 Ω 的子集.当且仅当它所包含的某个样本点出现称一个事件发生.**例如，在上述掷骰子试验中，事件 $A = \{$点数为 3 点$\}$，只包含 3 这一个样本点；事件 $B = \{$点数为奇数点$\}$，包含 1,3,5 三个样本点．我们说事件 A 发生必须掷得 3 点；而事件 B 发生只需掷得 1,3,5 点中的任何一个即可．

注：样本空间 Ω 是全体样本点的集合，也是一个事件，因为 Ω 包含试验的所有可能结果，在每次试验中必然出现 Ω 中的某个样本点，即 Ω 必然发生，称 Ω 为必然事件；空集 $\varnothing$ 也是一个事件，它不含任何样本点，它在每次试验中都不会发生，称 $\varnothing$ 为不可能事件．必然事件与不可能事件可以说不是随机事件，但为了今

后研究的方便,还是将必然事件与不可能事件作为随机事件的两个极端情形来统一处理.

2. 随机事件的分类

随机事件分为**基本事件**和**复合事件**.对于一个随机试验来说,它的每一个可能结果(即每个样本点)都是一个随机事件,它们是试验中最简单的随机事件,我们称之为**基本事件**.如掷一颗骰子试验中,{点数为 1 点}、{点数为 4 点}等都是基本事件.对于一个随机试验来说,由若干个可能结果(即若干个样本点)所构成的事件,相对于基本事件,称为**复合事件**.如掷一颗骰子试验中,{点数小于 4 点}、{点数为奇数点}等都是复合事件.

注:对于某一随机试验而言,可能结果、样本点、基本事件三者是一一对应的,在某种意义上是等价的.

例 1.1.1　某袋中装有 3 只白球(编号为 1,2,3)和 1 只黑球(编号为 4),从袋中每次取一只球但不放回地取两次,用数对 (i,j) 表示第一次取得 i 号球,第二次取得 j 号球,观察两次取球的结果.

(1) 写出样本空间;

(2) 用样本点的集合表示下列事件:A = {第一次取出黑球},B = {第二次取出黑球},C = {第一次及第二次都取出黑球}.

解　(1) 样本空间:
Ω = {(1,2),(1,3),(1,4),(2,1),(2,3),(2,4),(3,1),(3,2),(3,4),(4,1),(4,2),(4,3)};

(2) 事件 A = {第一次取出黑球} = {(4,1),(4,2),(4,3)},

事件 B = {第二次取出黑球} = {(1,4),(2,4),(3,4)},

事件 C = {第一次及第二次都取出黑球} = $\varnothing$.

§1.2　随机事件的关系及运算

1.2.1　随机事件的关系

1. 事件的包含关系

若事件 A 的发生必然导致事件 B 的发生,则称事件 B 包含事件 A,或称事件 A 含于事件 B,记为 $A \subset B$ 或 $B \supset A$.

例 1.2.1　在掷一颗骰子的试验中,事件 A = {点数为 3 点},事件 B = {点数为奇数点},则 $A \subset B$ 或 $B \supset A$.

注:(1) 若事件 B 包含事件 A,则属于事件 A 的每一个样本点也都属于事件 B.

（2）事件 B 包含事件 A 的等价说法：如果事件 B 不发生，必然导致事件 A 也不会发生．

（3）对任意事件 A，规定 $\varnothing \subset A$．

2．事件的相等关系

若事件 A 包含事件 B，事件 B 也包含事件 A，即当 $B \supset A$ 且 $B \subset A$ 时，则称事件 A 与 B 相等，记为 $A = B$．

注：相等的事件 A 与事件 B 的样本点完全相同．

1.2.2　随机事件的运算

1．和事件

事件 A 与事件 B 中至少有一个发生，即"A 或 B"，是一个事件，称为事件 A 与事件 B 的**和事件**，记为 $A \bigcup B$．

注：事件 A 与事件 B 的和事件是由属于事件 A 或事件 B 的样本点组成的集合．

例 1.2.2　（1）在掷一颗骰子的试验中，事件 $A = \{$点数为 3 点$\}$，事件 $B = \{$点数为奇数点$\}$，事件 $A \bigcup B = \{$点数为奇数点$\}$；

（2）在掷一颗骰子的试验中，事件 $A = \{$点数为 3 点$\}$，事件 $B = \{$点数为偶数点$\}$，事件 $A \bigcup B = \{$点数为 $2,3,4,6$ 点$\}$；

（3）事件 $A = \{$甲同学迟到$\}$，事件 $B = \{$乙同学迟到$\}$，事件 $C = \{$丙同学迟到$\}$，事件 $A \bigcup B = \{$甲、乙两个同学至少一人迟到$\}$，事件 $A \bigcup B \bigcup C = \{$甲、乙、丙三个同学至少一人迟到$\}$．

推广：（1）n 个事件 $A_1, A_2, \cdots, A_n$ 中至少有一个发生，是一个事件，称为 n 个事件 $A_1, A_2, \cdots, A_n$ 的和事件，记为 $A_1 \bigcup A_2 \bigcup \cdots \bigcup A_n$，简记为 $\bigcup\limits_{i=1}^{n} A_i$．

（2）可列无穷多个事件 $A_1, A_2, \cdots, A_n, \cdots$ 中至少有一个事件发生称为可列无穷多个事件 $A_1, A_2, \cdots, A_n, \cdots$ 的和事件，记为 $A_1 \bigcup A_2 \bigcup \cdots \bigcup A_n \bigcup \cdots$，简记为 $\bigcup\limits_{i=1}^{\infty} A_i$．

2．积事件

事件 A 与事件 B 同时发生，即"A 且 B"，是一个事件，称为事件 A 与事件 B 的**积事件**，记为 $A \bigcap B$ 或 AB．

注：事件 A 与事件 B 的积事件是由既属于事件 A 又属于事件 B 的所有公共样本点组成的集合．

例 1.2.3　（1）在掷一颗骰子的试验中，事件 $A = \{$点数为 3 点$\}$，事件 $B = \{$点数为奇数点$\}$，事件 $AB = A$；

（2）在掷一颗骰子的试验中，事件 $A = \{$点数为 3 点$\}$，事件 $B = \{$点数为偶数点$\}$，事件 $AB = \varnothing$；

（3）事件 $A = \{$甲同学迟到$\}$，事件 $B = \{$乙同学迟到$\}$，事件 $C = \{$丙同学迟到},事件 $AB =$ {甲、乙两个同学都迟到},事件 $ABC =$ {甲、乙、丙三个同学都迟到}.

推广：（1）n 个事件 $A_1, A_2, \cdots, A_n$ 同时发生，是一个事件，称为事件 $A_1, A_2, \cdots, A_n$ 的积事件，记为 $A_1 \bigcap A_2 \bigcap \cdots \bigcap A_n$，或 $A_1 A_2 \cdots A_n$，简记为 $\bigcap\limits_{i=1}^{n} A_i$.

（2）可列无穷多个事件 $A_1, A_2, \cdots, A_n, \cdots$ 同时发生称为可列无穷多个事件 $A_1, A_2, \cdots, A_n, \cdots$ 的积事件，记为 $A_1 \bigcap A_2 \bigcap \cdots \bigcap A_n \bigcap \cdots$，或 $A_1 A_2 \cdots A_n \cdots$，简记为 $\bigcap\limits_{i=1}^{\infty} A_i$.

3. 差事件

事件 A 发生而事件 B 不发生，是一个事件，称为事件 A 与 B 的**差事件**，记作 $A - B$.

注：（1）事件 A 与 B 的差事件是由属于事件 A 但不属于事件 B 的样本点组成的集合.

（2）$A - B = A - AB$.

例 1.2.4　（1）在掷一颗骰子的试验中，事件 $A =$ {点数为 3 点}，事件 B = {点数为奇数点}，事件 $A - B = \varnothing$；

（2）在掷一颗骰子的试验中，事件 $A =$ {点数为 3 点}，事件 $B =$ {点数为偶数点}，事件 $A - B = A$；

（3）事件 $A =$ {甲同学迟到}，事件 $B =$ {乙同学迟到}，事件 $C =$ {丙同学迟到}，事件 $A - B =$ {甲同学迟到而乙同学没有迟到}，事件 $A - B - C =$ {甲同学迟到而乙和丙同学都没有迟到}.

4. 互不相容（互斥）事件

若事件 A 与事件 B 不能同时发生，即 $AB = \varnothing$，则称事件 A 与事件 B 是**互不相容事件（或互斥事件）**.

注：互不相容事件 A 与事件 B 没有公共的样本点.

例 1.2.5　（1）在掷一颗骰子的试验中，事件 $A =$ {点数为 3 点}，事件 B = {点数为偶数点}，事件 $AB = \varnothing$；

（2）在掷一颗骰子的试验中，事件 $A =$ {点数为奇数点}，事件 $B =$ {点数为偶数点}，事件 $AB = \varnothing$.

推广：若 n 个事件 $A_1, A_2, \cdots, A_n$ 中任何两个都不能同时发生，即 $A_i A_j = \varnothing, i \neq j, i, j = 1, 2, \cdots, n$，则称这 n 个事件是两两互不相容（或互斥）的.

注：（1）事件 A 与事件 B 互不相容时，$A \bigcup B$ 记为 $A + B$.

（2）两两互不相容的 n 个事件 $A_1, A_2, \cdots, A_n$ 的和事件记为 $A_1 + A_2 + \cdots + A_n$，或简记为 $\sum\limits_{i=1}^{n} A_i$.

（3）可列无穷多个事件两两互不相容可类似定义.

5. 对立事件（逆事件）

若 $AB = \varnothing$,且 $A + B = \Omega$,则称事件 B 为事件 A 的**对立事件**（或**逆事件**），表示 A 不发生,记作 $\overline{A}$.

注：（1）事件 A 的对立事件是由样本空间中所有不属于事件 A 的样本点组成的集合.

（2）$\overline{A} = \Omega - A, A\overline{A} = \varnothing, A + \overline{A} = \Omega, \overline{\overline{A}} = A, A - B = A\overline{B}$.

（3）必然事件与不可能事件是对立事件.

（4）把握互不相容事件与对立事件的区别.

1.2.3 随机事件的运算律

1. 交换律：$A \bigcup B = B \bigcup A, AB = BA$.
2. 结合律：$(A \bigcup B) \bigcup C = A \bigcup (B \bigcup C), (AB)C = A(BC)$.
3. 分配律：$A(B \bigcup C) = AB \bigcup AC, A \bigcup (BC) = (A \bigcup B)(A \bigcup C)$.
4. 对偶（De Morgan）律：$\overline{A \bigcup B} = \overline{A}\,\overline{B}, \overline{AB} = \overline{A} \bigcup \overline{B}$.

上述事件的运算律可推广到多个事件,如三个事件的对偶律：$\overline{A \bigcup B \bigcup C} = \overline{ABC}, \overline{ABC} = \overline{A} \bigcup \overline{B} \bigcup \overline{C}$. 在事件的表示、概率的计算中,对偶律很重要.

注：由于事件是样本空间的子集,事件的运算和关系与集合的运算和关系非常类似,但要学会用概率论的语言来解释这些事件的关系及运算,也要会用事件的运算来表示一些新事件,并且注意从概率的角度理解其特有的事件意义.

1.2.4 完备事件组（或样本空间的划分）

若事件 $A_1, A_2, \cdots, A_n, n \geqslant 2$,为两两互不相容的事件,并且和为必然事件,即 $A_i A_j = \varnothing, i \neq j, i, j = 1, 2, \cdots, n; A_1 + A_2 + \cdots + A_n = \Omega$,则称这 n 个事件构成一个**完备事件组**（或**样本空间的划分**）.

例 1.2.6 观察掷一颗骰子的点数结果,样本空间 $\Omega = \{1,2,3,4,5,6\}$,则

（1）事件组 $A = \{$点数为奇数点$\}, \overline{A} = \{$点数为偶数点$\}$ 构成一个完备事件组；

（2）事件组 $A_1 = \{1,2\}, A_2 = \{3,4\}, A_3 = \{5,6\}$ 构成一个完备事件组；

（3）事件组 $A_1 = \{1\}, A_2 = \{2\}, A_3 = \{3\}, A_4 = \{4\}, A_5 = \{5\}, A_6 = \{6\}$ 构成一个完备事件组.

注：（1）同一试验样本空间完备事件组不唯一.

（2）样本空间中全体基本事件构成完备事件组.

（3）学会用完备事件组**不相容分割**事件,例如,事件 $A, \overline{A}$ 构成完备事件组,$B = AB + \overline{A}B$；若事件 $A_1, A_2, \cdots, A_n$ 构成完备事件组,则 $B = A_1 B + A_2 B + \cdots + A_n B$.

例 1.2.7　若 A,B,C 是三个事件,用事件的关系和运算表示下列事件:

(1) A 发生,而 B 与 C 都不发生;

(2) A 与 B 都发生,而 C 不发生;

(3) 三个事件都发生;

(4) 三个事件恰好发生一个;

(5) 三个事件恰好发生两个;

(6) 三个事件至少发生一个;

(7) 三个事件至少发生两个.

解　(1) $A\,\overline{B}\,\overline{C},A-B-C,A-(B \bigcup C)$;

(2) $AB\,\overline{C},AB-C,AB-ABC$;

(3) ABC;

(4) $A\,\overline{B}\,\overline{C}+\overline{A}B\,\overline{C}+\overline{A}\,\overline{B}C$;

(5) $AB\,\overline{C}+A\,\overline{B}C+\overline{A}BC$;

(6) $A \bigcup B \bigcup C = A\,\overline{B}\,\overline{C}+\overline{A}B\,\overline{C}+\overline{A}\,\overline{B}C+AB\,\overline{C}+A\,\overline{B}C+\overline{A}BC+ABC$;

(7) $AB \bigcup BC \bigcup AC = AB\,\overline{C}+A\,\overline{B}C+\overline{A}BC+ABC$.

例 1.2.8　在掷一颗骰子的试验中,事件 A 表示{点数不大于 4},事件 B 表示{出现偶数点},事件 C 表示{出现奇数点},试用样本点的集合写出下列事件的运算结果: $A \bigcup B,AB,A-B,B-A,\overline{B \bigcup C},(A \bigcup B)C$.

解　$A = \{1,2,3,4\},B = \{2,4,6\},C = \{1,3,5\}$.

$A \bigcup B = \{1,2,3,4,6\},AB = \{2,4\},A-B = \{1,3\}$,

$B-A = \{6\},\overline{B \bigcup C} = \varnothing,(A \bigcup B)C = \{1,3\}$.

§1.3　随机事件的概率

概率论研究的是随机现象的规律性.因此仅仅知道试验中可能出现哪些事件是不够的,还必须对事件发生的可能性大小进行量的描述.

1.3.1　概率的统计定义

1. 频率

定义 1.3.1　对随机事件 A,若在 n 次重复试验中发生了 m 次,则称 $\dfrac{m}{n}$ 为事件 A 发生的**频率**,记为 $f_n(A)$.

显然,必然事件的频率为 1,不可能事件的频率为 0.必然事件和不可能事件以外的事件,频率介于 0 和 1 之间,但它有什么规律呢?来看抛硬币的随机试验,我们知道一次试验出现正反面是随机的,但大量重复试验时,事件 $A =$ {出现正面}发生的频率总是在 0.5 附近摆动,而逐渐趋于 0.5(见表 1-1).

表 1-1

试验者	抛掷次数(n)	正面出现次数(m)	正面出现频率[$f_n(A)$]
普丰	4040	2048	0.5056
费勒	10000	4979	0.4979
皮尔逊	12000	6019	0.5016
皮尔逊	24000	12012	0.5005
维尼	30000	14994	0.4998

2. 统计规律性

随机现象有其偶然性的一面,也有其必然性的一面.对一次试验而言,其试验结果表现出偶然性;但在大量重复试验下,其试验结果却呈现出某种规律性 —— **频率的稳定性**,随机现象的这种隐蔽的内在规律性叫做**统计规律性**.本课程的任务就是研究和揭示随机现象的统计规律性.

3. 概率的统计定义

定义 1.3.2 在不变的条件下,重复进行 n 次试验,若事件 A 发生的频率稳定地在某一常数 p 附近摆动,且一般来说,n 越大,摆动的幅度越小,则称常数 p 为事件 A 的**概率**,记为 $P(A) = p$.

注:(1)概率度量随机事件发生的可能性大小.

(2)频率的稳定性说明,随机事件发生的可能性大小(即概率)是随机事件本身所固有的,不随人的意志而改变的一种客观属性,是先于试验而客观存在的,因此可以对它进行度量.

(3)频率与概率的上述关系提供了求事件概率近似值的一种手段,即当 n 足够大时,用频率 $f_n(A)$ 作为概率 $P(A)$ 的近似值.

(4)虽然概率的统计定义很直观,但一般并不用概率的统计定义计算概率.

从概率的统计定义可以看出,直接计算某一事件的概率有时是非常困难的,甚至是不可能的.下述的古典定义和几何定义就是在某些特定情形下直接计算事件概率的方法.

1.3.2 概率的古典定义

1. 古典概型 —— 有限等概模型

描述具有下列特点的随机试验的模型称为**古典概型**:

(1)试验的全部可能结果只有有限个;

(2)每一个可能结果出现的可能性相同.

2. 概率的古典定义

定义 1.3.3　在古典概型中,设样本空间 Ω 中有 n 个样本点,事件 A 由其中 m 个样本点构成,则事件 A 发生的概率为 $P(A) = \dfrac{m}{n}$.

因为此定义只适用于古典概型的情形,所以称为概率的古典定义. 应用概率的古典定义首先要验证古典概型,关键在于计算 m.

3. 古典概率计算例题

例 1.3.1　从 $1,2,\cdots,10$ 共 10 个数字中任取两个数字,试求取出的两个数字和为 8 的概率.

解　从 $1,2,\cdots,10$ 共 10 个数字中任取两个数字,所有结果有 C_{10}^2 种,每种结果等可能出现,两个数字和为 8 的有 3 种结果:1 和 7;2 和 6;3 和 5. 设事件 A = {取出的两个数字和为 8},则 $P(A) = \dfrac{3}{C_{10}^2} = \dfrac{1}{15}$.

例 1.3.2　两封不同的信随机地向标号为 Ⅰ,Ⅱ,Ⅲ,Ⅳ 的 4 个邮筒投寄,求下列事件的概率:

(1) A = {第 Ⅱ 个邮筒恰好被投入 1 封信};

(2) B = {前两个邮筒中各有 1 封信}.

解　所有投寄结果为 16 种,每种结果等可能出现.

(1) $P(A) = \dfrac{C_2^1 C_3^1}{16} = \dfrac{3}{8}$;

(2) $P(B) = \dfrac{2}{16} = \dfrac{1}{8}$.

例 1.3.3　考试抽签,在 10 个签中,有 2 个难签和 8 个容易的签,现有 10 人任意抽签,每人一个,求第七人抽到难签的概率.

解　所有抽签结果有 A_{10}^{10} 种,每种结果等可能出现. 设事件 A = {第七人抽到难签},

$$P(A) = \dfrac{C_2^1 A_9^9}{A_{10}^{10}} = \dfrac{2}{10}.$$

此题说明抽签是公平的,结果只与签的结构有关,与抽签顺序无关.

1.3.3　概率的几何定义

1. 几何概型 —— 不可列无限等概模型

具有下列特点的随机试验的模型称为**几何概型**:

(1) 试验的样本空间 Ω 是直线上某个有限区间,或者是平面上、空间内的某个度量有限的区域,从而样本空间 Ω 有不可列无限多个样本点;

（2）每个样本点的出现具有相同的可能性，即每一个可能结果出现的可能性相同.

2. 概率的几何定义

定义 1.3.4 设试验的每个样本点是等可能地落入区域 Ω（即样本空间）上的随机点 M，且 $D \subset \Omega$，则 M 点落入子域 D 上（事件 A）的概率为

$$P(A) = \frac{m(D)}{m(\Omega)} \left(P(A) = \frac{A \text{ 的几何度量}}{\Omega \text{ 的几何度量}} \right).$$

其中，当 Ω 是区间时，$m(\Omega)$ 及 $m(D)$ 表示相应的长度；当 Ω 是平面或空间区域时，$m(\Omega)$ 及 $m(D)$ 表示相应的面积或体积.

例 1.3.4 某路公共汽车每隔 15 分钟通过一车站，在一乘客对发车时间完全不知道的情况下，求此乘客到站等车时间不多于 5 分钟的概率.

解 由于乘客对发车时间完全不知，因此他在 15 分钟发车间隔内的任一时间点到达车站是等可能的，考察乘客的等车时间，可用几何概型来描述，到达时刻的样本空间 $\Omega = [0, 15]$. 设事件 $A = \{$乘客到站等车时间不多于 5 分钟$\}$，事件 A 对应的子域 $D = [10, 15]$，则

$$P(A) = \frac{m(D)}{m(\Omega)} = \frac{5}{15} = \frac{1}{3}.$$

例 1.3.5 两人相约 7 点到 8 点之间在某地会面，先到者等候另一人 20 分钟，过时就可离去，试求这两人能会面的概率.

解 设两人到达会面地点的时刻分别为 7 点过 x 分和 7 点过 y 分. 两人到达时刻的样本空间 $\Omega = \{(x, y) \mid 0 \leqslant x \leqslant 60, 0 \leqslant y \leqslant 60\}$.

设事件 $A = \{$两人能会面$\}$，则

$$A = \left\{ (x, y) \left| \begin{array}{l} |x - y| \leqslant 20; \\ 0 \leqslant x \leqslant 60, 0 \leqslant y \leqslant 60 \end{array} \right. \right\},$$

记事件 A 对应的子域为 D，见图 1-1，所以

$$P(A) = \frac{m(D)}{m(\Omega)} = \frac{S_D}{S_\Omega} = \frac{5}{9}.$$

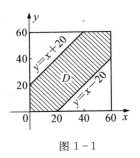

图 1-1

1.3.4 概率的性质

性质 1 不可能事件的概率为零，即 $P(\varnothing) = 0$；必然事件的概率为 1，即 $P(\Omega) = 1$；任意事件的概率在 0 和 1 之间，即 $0 \leqslant P(A) \leqslant 1$.

性质 2 概率的**加法公式**：两个互斥事件之和的概率等于它们概率的和，即

$$AB = \varnothing, P(A + B) = P(A) + P(B).$$

例 1.3.6　一个袋内装有 10 个球,其中 5 个白球,3 个红球,2 个黄球,现从中任取一个球,事件 $A = \{$取到红球$\}$,事件 $B = \{$取到黄球$\}$,事件 $C = \{$取到彩色球$\}$,求三个事件的概率,并讨论它们的关系.

解　$C = A + B, P(A) = \dfrac{3}{10}, P(B) = \dfrac{2}{10}, P(C) = P(A) + P(B) = \dfrac{1}{2}.$

注:(1) 若事件 $A_1, A_2, \cdots, A_n$ 两两互不相容,则

$$P(A_1 + A_2 + \cdots + A_n) = P(A_1) + P(A_2) + \cdots + P(A_n),$$

称为**概率的有限可加性**.

(2) 若事件 $A_1, A_2, \cdots, A_n$ 为完备事件组,则

$$P(A_1 + A_2 + \cdots + A_n) = P(A_1) + P(A_2) + \cdots + P(A_n) = 1,$$

特别有 $P(A) + P(\overline{A}) = 1, P(A) = 1 - P(\overline{A})$.

(3) 利用完备事件组不相容分割事件及概率的加法公式,有下列常用结果:

$$B = AB + \overline{A}B, P(B) = P(AB + \overline{A}B) = P(AB) + P(\overline{A}B).$$

若事件 $A_1, A_2, \cdots, A_n$ 构成完备事件组,$B = A_1B + A_2B + \cdots + A_nB$,

$$P(B) = P(A_1B + A_2B + \cdots + A_nB) = P(A_1B) + P(A_2B) + \cdots + P(A_nB).$$

例 1.3.7　某班 60 名同学中,有男生 15 名,女生 45 名,现从此班随机抽出 5 名同学,求抽出的 5 名同学中至少有一名男生的概率.

解　设事件 $A = \{$抽出的 5 名同学中至少有一名男生$\}$,$\overline{A} = \{$抽出的 5 名同学中没有男生$\}$,

$$P(A) = 1 - P(\overline{A}) = 1 - \frac{C_{45}^5}{C_{60}^5} \approx 0.7763.$$

该方法比直接计算事件 A 的概率要简便.

性质 3　若事件 A 包含事件 B,即 $A \supset B$,则 $P(A - B) = P(A) - P(B)$.

注:(1) 事件 A 与事件 B 为任意事件,

$$P(A - B) = P(A) - P(AB), P(B - A) = P(B) - P(AB).$$

(2) 若 $A \supset B$,则 $P(A) \geqslant P(B)$.

性质 4　广义加法公式

事件 A, B, C, D 为任意事件,有

$$P(A \bigcup B) = P(A) + P(B) - P(AB);$$

$$P(A \bigcup B \bigcup C) = P(A) + P(B) + P(C) - P(AB) - P(BC) - P(AC) + P(ABC);$$

$$\begin{aligned} P(A \bigcup B \bigcup C \bigcup D) = {} & P(A) + P(B) + P(C) + P(D) - P(AB) \\ & - P(AC) - P(AD) - P(BC) - P(BD) - P(CD) \\ & + P(ABC) + P(ABD) + P(ACD) + P(BCD) \\ & - P(ABCD). \end{aligned}$$

注：理解多个任意事件广义加法公式的规律.

例 1.3.8 设 12 件产品中有 3 件次品，其余为正品，现从中任取 5 件，试求取出的 5 件产品中：(1) 至少有一件次品的概率；(2) 至多有一件次品的概率.

解 设事件 $A_i = \{$取出的 5 件产品中有 i 件次品$\}, i = 0,1,2,3$，事件 $B = \{$取出的 5 件产品中至少有一件次品$\}$，事件 $C = \{$取出的 5 件产品中至多有一件次品$\}$.

(1) $\overline{B} = \{$取出的 5 件产品中没有次品$\}, P(\overline{B}) = \dfrac{C_9^5}{C_{12}^5} = \dfrac{7}{44}$，

$$P(B) = 1 - P(\overline{B}) = \frac{37}{44};$$

(2) $C = A_0 + A_1, P(C) = P(A_0) + P(A_1) = \dfrac{C_9^5}{C_{12}^5} + \dfrac{C_3^1 C_9^4}{C_{12}^5} = \dfrac{7}{44} + \dfrac{21}{44} = \dfrac{7}{11}.$

例 1.3.9 从 10 到 99 的所有两位数中，任取一个数，试求这个数能被 2 或 3 整除的概率.

解 设事件 $A = \{$取出的数能被 2 整除$\}$，事件 $B = \{$取出的数能被 3 整除$\}$，事件 $C = \{$取出的数能被 2 或 3 整除$\}$，则事件 $C = A \cup B$，事件 $AB = \{$取出的数能被 2 和 3 同时整除$\}$.

$$P(C) = P(A \cup B) = P(A) + P(B) - P(AB) = \frac{45}{90} + \frac{30}{90} - \frac{15}{90} = \frac{2}{3}.$$

§1.4 条件概率与全概率公式

1.4.1 条件概率

例 1.4.1 从 1 至 10 十个数字中任取一个数，事件 $A = \{$取到的数比 3 大$\}$，求事件 A 的概率；若已知事件 $B = \{$取到的数为偶数$\}$已发生，在此种情况下再求事件 A 的概率.

解 由古典概型知，事件 A 发生的概率为 $\dfrac{7}{10}$；而在已知事件 $B = \{$取到的数为偶数$\}$发生的情况下，我们只在 2,4,6,8,10 五个偶数的范围内考虑，这时比 3 大的概率为 $\dfrac{4}{5}$.

定义 1.4.1 在事件 B 发生的条件下事件 A 发生的概率，称为事件 A 关于事件 B 的**条件概率**，记为 $P(A \mid B)$，且 $P(A \mid B) = \dfrac{P(AB)}{P(B)}, P(B) > 0$；

同理，有 $P(B \mid A)$，且 $P(B \mid A) = \dfrac{P(AB)}{P(A)}, P(A) > 0.$

注：(1) 条件概率 $P(A \mid B)$ 中条件事件 B 的发生对事件 A 的发生可能有影响，也可能没有影响，当条件事件为必然事件 Ω 时，条件概率转化为无条件概率.

(2) 条件概率仍是概率，有与一般无条件概率相同的性质，如
$$P(A \mid B) = 1 - P(\overline{A} \mid B),$$
$$P(A_1 \bigcup A_2 \mid B) = P(A_1 \mid B) + P(A_2 \mid B) - P(A_1 A_2 \mid B) \text{ 等}.$$

(3) 区别 $P(A \mid B)$ 与 $P(AB)$ 的不同含义.

例 1.4.2 盒中有 25 个外形相同的球，其中 10 个白球，5 个黄球，10 个黑球，从盒中任意取出一球，已知它不是黑球，试求它是黄球的概率.

解 设事件 $A = \{$取出的球不是黑球$\}$，事件 $B = \{$取出的球是黄球$\}$，则事件 $AB = B$，

所以 $\quad P(B \mid A) = \dfrac{P(AB)}{P(A)} = \dfrac{1}{3}.$

例 1.4.3 男子活到 40 岁的概率为 0.84，活到 60 岁的概率为 0.7，求一个现 40 岁的男子能活到 60 岁的概率.

解 设事件 $A = \{$活到 40 岁$\}$，事件 $B = \{$活到 60 岁$\}$，则事件 $AB = B$，

所以 $\quad P(B \mid A) = \dfrac{P(AB)}{P(A)} = \dfrac{0.7}{0.84} = \dfrac{35}{42}.$

1.4.2 概率的乘法公式

定义 1.4.2 由条件概率的定义可得：
$$P(AB) = P(A)P(B \mid A), P(A) > 0;$$
$$P(AB) = P(B)P(A \mid B), P(B) > 0.$$
这两个公式称为概率的**乘法公式**.

注：$P(A_1 A_2 \cdots A_n) = P(A_1)P(A_2 \mid A_1)P(A_3 \mid A_1 A_2) \cdots P(A_n \mid A_1 A_2 \cdots A_{n-1})$，
特别有 $\quad P(A_1 A_2 A_3) = P(A_1)P(A_2 \mid A_1)P(A_3 \mid A_1 A_2).$

例 1.4.4 袋中有 a 个白球与 b 个黑球. 每次从袋中任取一个球，取出的球不再放回去，求第二次取出的球与第一次取出的球颜色相同的概率.

解 设事件 $A_i = \{$第 i 次取到白球$\}$，$B_i = \{$第 i 次取到黑球$\}$，$i = 1, 2$；事件 $C = \{$第二次取出的球与第一次取出的球颜色相同$\}$，则 $C = A_1 A_2 + B_1 B_2$，

$$
\begin{aligned}
P(C) &= P(A_1 A_2 + B_1 B_2) = P(A_1 A_2) + P(B_1 B_2) \\
&= P(A_1)P(A_2 \mid A_1) + P(B_1)P(B_2 \mid B_1) \\
&= \frac{a}{a+b} \times \frac{a-1}{a+b-1} + \frac{b}{a+b} \times \frac{b-1}{a+b-1} \\
&= \frac{a(a-1) + b(b-1)}{(a+b)(a+b-1)}.
\end{aligned}
$$

例 1.4.5　10 个考签中有 4 个难签,3 人参加抽签(不放回),甲先抽取,乙其次,丙最后抽取. 求下列事件的概率:

(1)〈甲抽到难签〉;

(2)〈甲、乙都抽到难签〉;

(3)〈甲没抽到难签而乙抽到难签〉;

(4)〈甲、乙、丙都抽到难签〉.

解　设事件 $A =$〈甲抽到难签〉,$B =$〈乙抽到难签〉,$C =$〈丙抽到难签〉.

(1) $P(A) = \dfrac{2}{5}$;

(2) $P(AB) = P(A)P(B \mid A) = \dfrac{2}{5} \times \dfrac{3}{9} = \dfrac{2}{15}$;

(3) $P(\overline{A}B) = P(\overline{A})P(B \mid \overline{A}) = \dfrac{3}{5} \times \dfrac{4}{9} = \dfrac{4}{15}$;

(4) $P(ABC) = P(A)P(B \mid A)P(C \mid AB) = \dfrac{2}{5} \times \dfrac{3}{9} \times \dfrac{1}{4} = \dfrac{1}{30}$.

1.4.3　全概率公式和贝叶斯公式

定理 1.4.1　设试验 E 的一个样本空间为 Ω,事件组 $A_1, A_2, \cdots, A_n$ 为样本空间 Ω 的一个完备事件组,且 $P(A_i) > 0, i = 1, 2, \cdots, n$,$B$ 为试验 E 的一个事件,则

1. **全概率公式**:$P(B) = \sum\limits_{i=1}^{n} P(A_i)P(B \mid A_i)$.

2. **贝叶斯(Bayes)公式(逆概公式)**:

$$P(A_m \mid B) = \frac{P(A_m)P(B \mid A_m)}{\sum\limits_{i=1}^{n} P(A_i)P(B \mid A_i)}, m = 1, 2, \cdots, n \quad (P(B) > 0).$$

证明　事件组 $A_1, A_2, \cdots, A_n$ 为一个完备事件组,则有 $B = A_1 B + A_2 B + \cdots + A_n B$.

1. **全概率公式**:
$$\begin{aligned} P(B) &= P(A_1 B + A_2 B + \cdots + A_n B) \\ &= P(A_1 B) + P(A_2 B) + \cdots + P(A_n B) \\ &= P(A_1)P(B \mid A_1) + P(A_2)P(B \mid A_2) + \cdots + P(A_n)P(B \mid A_n). \end{aligned}$$

2. **贝叶斯公式**:
$$P(A_m \mid B) = \frac{P(A_m B)}{P(B)} = \frac{P(A_m)P(B \mid A_m)}{\sum\limits_{i=1}^{n} P(A_i)P(B \mid A_i)}, m = 1, 2, \cdots, n.$$

注:(1)全概率公式和贝叶斯公式使用时需要的条件一样,但所解决的问

题不同,关键在于对题目条件和问题的概率"翻译".

(2) 一般情况下,事件 $A_1,A_2,\cdots,A_n$ 为导致结果 B 发生的各种原因或条件.

例 1.4.6　某厂有甲、乙、丙三个车间生产同一种产品,已知产量分别占总产量的 40%、20% 和 40%,又甲、乙、丙车间次品率分别为 1%、2% 和 1.5%,现从出厂产品中任取一件.

(1) 求取到的这件产品是次品的概率;

(2) 若经检验取到的这件产品为次品,求它是由乙车间生产的概率.

解　设事件 $A_1=\{$取到的这件产品是由甲车间生产的$\}$,$A_2=\{$取到的这件产品是由乙车间生产的$\}$,$A_3=\{$取到的这件产品是由丙车间生产的$\}$,$B=\{$取到的这件产品是次品$\}$.

由题,$P(A_1)=0.4,P(A_2)=0.2,P(A_3)=0.4$;

$P(B\mid A_1)=0.01,P(B\mid A_2)=0.02,P(B\mid A_3)=0.015$.

(1) 由全概率公式

$$P(B)=P(A_1)P(B\mid A_1)+P(A_2)P(B\mid A_2)+P(A_3)P(B\mid A_3)$$
$$=0.4\times0.01+0.2\times0.02+0.4\times0.015$$
$$=0.014=1.4\%;$$

(2) 由贝叶斯公式 $P(A_2\mid B)=\dfrac{P(A_2)P(B\mid A_2)}{P(B)}=\dfrac{0.2\times0.02}{0.014}=\dfrac{2}{7}$.

例 1.4.7　若发报机以 0.7 和 0.3 的概率发出信号 0 和 1,由于随机干扰的影响,当发出信号 0 时,接收机不一定收到 0,而是以概率 0.8 和 0.2 收到信号 0 和 1;同样的,当发报机发出信号 1 时,接收机以概率 0.9 和 0.1 收到信号 1 和 0.当接收机收到信号 0 时,求发报机发出信号 0 的概率.

解　设事件 $A=\{$发出信号 0$\}$,$\overline{A}=\{$发出信号 1$\}$,$B=\{$收到信号 0$\}$.

由题,$P(A)=0.7,P(\overline{A})=0.3,P(B\mid A)=0.8,P(B\mid\overline{A})=0.1$,

由贝叶斯公式得

$$P(A\mid B)=\frac{P(A)P(B\mid A)}{P(A)P(B\mid A)+P(\overline{A})P(B\mid\overline{A})}$$
$$=\frac{0.7\times0.8}{0.7\times0.8+0.3\times0.1}=\frac{56}{59}.$$

§1.5　随机事件的独立性

条件概率 $P(A\mid B)$ 中条件事件 B 的发生对事件 A 的发生可能有影响,也可能没有影响.**事件的相互独立性**就是研究条件事件 B 的发生对事件 A 的发生没有影响的情形.

1.5.1 事件的相互独立性

定义 1.5.1 若事件 A 是否发生与事件 B 发生与否无关,即 $P(A \mid B) = P(A)$,则称事件 A 对于事件 B 独立.同理,若事件 A 对于事件 B 独立,则事件 B 对于事件 A 也独立,因此我们称事件 A 与事件 B **相互独立**.

例 1.5.1 观察明天的天气情况,事件 $A = \{$宁波明天晴天$\},B = \{$纽约明天下雨$\}$,事件 A 与事件 B 相互独立.

例 1.5.2 观察抛一枚硬币的结果,事件 $A = \{$第一次出现正面$\},B = \{$第二次出现正面$\}$,事件 A 与事件 B 相互独立.

例 1.5.3 在 10 个球中,8 个白的,2 个黑的,有放回地取球两次,每次取一个球,则事件 $A = \{$第一次取得黑球$\}$ 与事件 $B = \{$第二次取得黑球$\}$ 相互独立;在不放回情形时,事件 A 与事件 B 就不相互独立.

注:(1) **事件 A 与事件 B 相互独立的充分必要条件**:$P(AB) = P(A)P(B)$.

(2) 若事件 A 与事件 B 相互独立,则事件 A 与 $\overline{B},\overline{A}$ 与 $B,\overline{A}$ 与 $\overline{B}$ 每一对都相互独立,即四对事件独立性等价.

定义 1.5.2 对于事件 A,B,C,若下列四个等式都成立,则称事件 A,B,C **相互独立**:$P(AB) = P(A)P(B),P(BC) = P(B)P(C),P(AC) = P(A)P(C),$ $P(ABC) = P(A)P(B)P(C)$.

注:对于事件 A,B,C,若只有下列三个等式成立,则称事件 A,B,C **两两独立**:$P(AB) = P(A)P(B),P(BC) = P(B)P(C),P(AC) = P(A)P(C)$.两两独立不能保证相互独立.

定义 1.5.3 若 n 个事件 $A_1,A_2,\cdots,A_n$ 中任何一个事件发生与否与其他任意一个或几个事件发生与否无关,则称这 n 个事件 $A_1,A_2,\cdots,A_n$ **相互独立**.

思考:若用概率等式表达 n 个事件 $A_1,A_2,\cdots,A_n$ 相互独立的定义,应有多少个概率等式?

注:若事件 $A_1,A_2,\cdots,A_n$ 相互独立,则

(1) $P(A_1 A_2 \cdots A_n) = P(A_1)P(A_2) \cdots P(A_n) = \prod\limits_{i=1}^{n} P(A_i)$.

(2) $\overline{A_1},A_2,\cdots,A_n;A_1,\overline{A_2},\cdots,A_n;\cdots;\overline{A_1},\overline{A_2},\cdots,\overline{A_n}$ 每一组事件都相互独立.

(3) $P(\bigcup\limits_{i=1}^{n} A_i) = 1 - \prod\limits_{i=1}^{n} P(\overline{A_i})$.

例 1.5.4 加工一产品要经过三道工序,第一、二、三道工序不出废品的概率分别为 $0.9,0.95,0.8$,假定各工序是否出废品相互独立,求:

（1）三道工序恰有一道工序出废品的概率；

（2）经过三道工序生产出的是废品的概率.

解　设事件 $A_i = \{$第 i 道工序不出废品$\}, i = 1, 2, 3$, 事件 A_1, A_2, A_3 相互独立.

（1）$P(\overline{A_1} A_2 A_3 + A_1 \overline{A_2} A_3 + A_1 A_2 \overline{A_3})$

$= P(\overline{A_1} A_2 A_3) + P(A_1 \overline{A_2} A_3) + P(A_1 A_2 \overline{A_3})$

$= P(\overline{A_1}) P(A_2) P(A_3) + P(A_1) P(\overline{A_2}) P(A_3) + P(A_1) P(A_2) P(\overline{A_3})$

$= 0.1 \times 0.95 \times 0.8 + 0.9 \times 0.05 \times 0.8 + 0.9 \times 0.95 \times 0.2$

$= 0.283;$

（2）$P(\overline{A_1} \bigcup \overline{A_2} \bigcup \overline{A_3}) = 1 - P(A_1) P(A_2) P(A_3)$

$= 1 - 0.9 \times 0.95 \times 0.8$

$= 0.316.$

例 1.5.5　甲和乙两人投篮, 命中率分别为 0.4 和 0.5, 每人各投 2 次, 每人每次是否投中相互独立, 求甲和乙投中的次数相等的概率.

解　设事件 $A_i = \{$甲投中 i 次$\}, B_i = \{$乙投中 i 次$\}, i = 0, 1, 2$, 事件 $C = \{$甲和乙投中的次数相等$\}$. 由独立性可得:

$P(A_0) = 0.6 \times 0.6 = 0.36, P(B_0) = 0.5 \times 0.5 = 0.25;$

$P(A_1) = 0.4 \times 0.6 + 0.6 \times 0.4 = 0.48, P(B_1) = 0.5 \times 0.5 + 0.5 \times 0.5 = 0.5;$

$P(A_2) = 0.4 \times 0.4 = 0.16, P(B_2) = 0.5 \times 0.5 = 0.25.$

由题, $C = A_0 B_0 + A_1 B_1 + A_2 B_2$, 由互不相容性和独立性,

$P(C) = P(A_0 B_0 + A_1 B_1 + A_2 B_2)$

$= P(A_0 B_0) + P(A_1 B_1) + P(A_2 B_2)$

$= P(A_0) P(B_0) + P(A_1) P(B_1) + P(A_2) P(B_2)$

$= 0.36 \times 0.25 + 0.48 \times 0.5 + 0.16 \times 0.25$

$= 0.37.$

1.5.2　伯努利概型及二项概率公式

1. 试验的独立性

定义 1.5.4　进行 n 次试验, 若任何一次试验中各结果发生的可能性都不受其他各次试验结果发生情况的影响, 则称这 n 次试验是相互独立的.

注: 把握和理解试验独立性与事件独立性的关系.

2. 伯努利试验

定义 1.5.5　只有两个对立结果 A 及 $\overline{A}$ 的试验称为**伯努利试验**.

注: 两个对立结果并不一定只有两个结果, 有的试验尽管其结果不止两个,

但若试验中仅关心某一事件 A 是否发生,则试验也可以归结为伯努利试验.

如,抽取一件产品检测产品质量,只分"合格"与"不合格"两个结果,则这个试验可看做伯努利试验;掷一颗骰子的试验,有 6 个结果,但若我们只关心事件 $A=$"点数为 6"这一结果是否出现,则这个试验仍可看做伯努利试验.

3. n 重伯努利试验

定义 1.5.6 重复进行 n 次独立的伯努利试验,若每次试验中事件 A 发生的概率 $P(A)$ 都相同,则称这 n 次独立试验为 **n 重伯努利试验**.

例 1.5.6 一枚硬币抛 10 次,事件 $A=\{$出现正面$\}$,则抛 10 次硬币的试验是一个 10 重伯努利试验.

例 1.5.7 假设某高校 2011 届本科毕业生的学位获得率为 0.8,从该校 2011 届本科毕业生中随机抽出 10 名毕业生,考查这 10 名毕业生的学位获得情况,这是一个 10 重伯努利试验.

对于 n 重伯努利试验,主要任务是研究 n 次独立试验中事件 A 的发生次数. 如例 1.5.7 中提出问题:抽出的 10 名毕业生中恰有 3 人获得学位的概率.

4. 二项概率公式(伯努利公式)

定理 1.5.1 设一次试验中事件 A 发生的概率为 $p(0<p<1)$,则 n 重伯努利试验中事件 A 恰好发生 k 次的概率 $p_n(k)$ 为:

$$p_n(k)=C_n^k p^k (1-p)^{n-k}, k=0,1,2,\cdots,n.$$

注:$\sum_{k=0}^{n} p_n(k) = \sum_{k=0}^{n} C_n^k p^k (1-p)^{n-k} = 1.$

例 1.5.8 假设某高校 2011 届本科毕业生的学位获得率为 0.8,从该校 2011 届本科毕业生中随机抽出 10 名毕业生.求抽出的 10 名毕业生中:

(1) 恰有 3 人获得学位的概率;

(2) 至少有 3 人获得学位的概率.

解 考查这 10 名毕业生的学位获得情况,可以看成是 10 重伯努利试验, $n=10,p=0.8$. 设事件 $A=\{$抽出的 10 名毕业生中恰有 3 人获得学位$\}$,$B=$ $\{$抽出的 10 名毕业生中至少有 3 人获得学位$\}$.

(1) $P(A)=p_{10}(3)=C_{10}^3 (0.8)^3 (0.2)^7 \approx 0.00079$;

(2) $P(B)=1-p_{10}(0)-p_{10}(1)-p_{10}(2)$

$$=1-C_{10}^0 (0.2)^{10}-C_{10}^1 0.8 (0.2)^9 - C_{10}^2 (0.8)^2 (0.2)^8$$

$$\approx 1-0.00011479=0.99988521.$$

例 1.5.9 某车间有 5 台同型号的机床,每台机床由于种种原因(如装、卸工件,更换刀具等)时常需要停车. 设各台机床停车或开车是相互独立的,每台机床在任一时刻处于停车状态的概率为 $\dfrac{1}{3}$，试求在任何一个时刻：

（1）恰有一台机床处于停车状态的概率；

（2）至少有一台机床处于停车状态的概率；

（3）至多有一台机床处于停车状态的概率.

解　在任何一个时刻，观察 5 台机床的工作情况，可以看成是 5 重伯努利试验，$n = 5$，$p = \dfrac{1}{3}$.

（1）$p_5(1) = C_5^1 \dfrac{1}{3} \left(\dfrac{2}{3}\right)^4 = \dfrac{80}{243}$；

（2）$1 - p_5(0) = 1 - C_5^0 \left(\dfrac{2}{3}\right)^5 = \dfrac{211}{243}$；

（3）$p_5(0) + p_5(1) = C_5^0 \left(\dfrac{2}{3}\right)^5 + C_5^1 \dfrac{1}{3} \left(\dfrac{2}{3}\right)^4 = \dfrac{112}{243}$.

第1章习题

A 组

1. 同时掷三颗骰子,观察并记录三颗骰子点数之和,样本空间 $\Omega=$ _____.

2. 观察一只灯泡的使用寿命,样本空间 $\Omega=$ _____.

3. 从参加英语四级考试的某班同学中任意抽出 3 名同学,事件 A,B,C 分别表示这三个同学通过四级考试,则事件{三人中至少有一人考试通过}表示为 _____,{三人中恰好有一人考试通过}表示为 _____;ABC 表示事件{_____}.

4. (2009 年 2+2)袋中有 6 只红球、4 只黑球,今从袋中随机取出 4 只球,设取到一只红球得 2 分,取到一只黑球得 1 分,则得分不小于 7 的概率为 _____.

5. (2008 年 2+2)将 3 个乒乓球随机地放入 4 个杯子中,杯子中乒乓球的最大数为 2 的概率为 _____.

6. (2007 年 2+2)口袋中有 8 个标有数字 1,1,2,2,2,3,3,3 的乒乓球,从中随机地取 3 个,则这 3 个球上的数字之和为 6 的概率是 _____.

7. (2005 年 2+2)设方程 $x^2+\alpha x+\beta=0$ 中的 α 和 β 分别是连续抛掷一枚骰子先后出现的点数,则此方程有实根的概率为 _____.

8. (2007 年考研数学)在区间 $(0,1)$ 中随机地取两个数,则这两个数之差的绝对值小于 $\frac{1}{2}$ 的概率为 _____.

9. 设 $P(A)=0.5,P(B)=0.6,P(B\,|A)=0.8$,则 $P(A\bigcup B)=$ _____.

10. 设事件 A 与 B 满足 $P(AB)=P(\overline{A}\,\overline{B})$,且 $P(A)=p$,则 $P(B)=$ _____.

11. 设 $P(A)=0.7,P(A-B)=0.3$,则 $P(\overline{AB})=$ _____.

12. (2006 年 2+2)已知 $P(\overline{B})=0.2,P(\overline{AB})=0.6$,则 $P(A|B)=$ _____.

13. 设 $P(A)=0.9,P(B)=0.95,P(B|\overline{A})=0.85$,则 $P(A|\overline{B})=$ _____.

14. 若 $P(A)=P(B)=P(C)=\frac{1}{4},P(AB)=0,P(AC)=P(BC)=\frac{1}{12}$,则 $P(\overline{A}\overline{B}\overline{C})=$ _____.

15. (2006 年 2+2)袋中有 10 个新球和 2 个旧球,每次取一个,取后不放回,则第二次取出的是旧球的概率为 _____.

16. (2007 年 2＋2)有两个箱子,第一个箱子中有 3 个新球、2 个旧球,第二个箱子中有 4 个新球、5 个旧球.现从第一个箱子中随机地取出一个球放到第二个箱子中,再从第二个箱子中取出一个球,若已知从第二个箱子中取出的球是新球,则从第一个箱子中取出的是新球的概率为_____.

17. (2005 年 2＋2)已知男性中有 5％为色盲患者,女性中有 0.25％为色盲患者,今从男女人数相等的人群中随机地挑选一人,其恰好是色盲患者,则此人是男性的概率为_____.

18. 设 $P(A) = 0.4, P(A \bigcup B) = 0.7$,若 A 与 B 互不相容,则 $P(B) =$ _____;若 A 与 B 相互独立,则 $P(B) =$ _____.

19. 设事件 A 与 B 相互独立,$P(A) = 0.6, P(A \bigcup B) = 0.9$,则 $P(A\overline{B}) =$ _____,$P(\overline{A} \bigcup \overline{B}) =$ _____.

20. (2000 年考研数学)事件 A, B 相互独立,$P(\overline{A}B) = \dfrac{1}{9}, P(A\overline{B}) = P(\overline{A}B), P(A\overline{B}) =$ _____.

21. (1999 年考研数学)设三个事件 A, B, C 两两独立,且 $ABC = \varnothing, P(A) = P(B) = P(C) < \dfrac{1}{2}, P(A \bigcup B \bigcup C) = \dfrac{9}{16}$,则 $P(A) =$ _____.

22. 设事件 A, B 满足 $P(A \mid B) = 1$,则有 　　　　　　　　(　)

A. A 是必然事件　　　　　　　　B. B 是必然事件

C. $A \bigcap B = \varnothing$　　　　　　　　D. $P(B) \leqslant P(A)$

23. 若 $0 < P(A) < 1, 0 < P(B) < 1, P(A \mid B) + P(\overline{A} \mid \overline{B}) = 1$,则(　)

A. $P(AB) \neq P(A)P(B)$　　　　B. $B = \overline{A}$

C. $P(AB) = P(A)P(B)$　　　　D. $AB \neq \varnothing$

24. (2004 年考研数学)设事件 A 与事件 B 互不相容,则 　　　(　)

A. $P(\overline{A}\overline{B}) = 0$　　　　　　　　B. $P(AB) = P(A)P(B)$

C. $P(A) = 1 - P(B)$　　　　　　D. $P(\overline{A} \bigcup \overline{B}) = 1$

25. (2007 年 2＋2)设 A, B 是两个随机事件,且 $0 < P(A) < 1, P(B) > 0$,$P(B \mid A) = P(B \mid \overline{A})$,则必有 　　　　　　　(　)

A. $P(A \mid B) = P(\overline{A} \mid B)$　　　　B. $P(AB) = P(A)P(B)$

C. $P(A) = P(B)$　　　　　　D. $P(AB) = \dfrac{P(B)}{P(A)}$

26. (2006 年 2＋2)若随机事件 $A \supset B, A \supset C, P(A) = 0.8, P(\overline{B} \bigcup \overline{C}) = 0.4$,则 $P(A - BC) =$ 　　　　　　(　)

A. 0.2　　　　　B. 0.4　　　　　C. 0.5　　　　　D. 0.7

27. (2006 年考研数学)设 A, B 为随机事件,且 $P(B) > 0, P(A \mid B) = 1$,则必有 　　　　　　　　　　　　　　　　(　)

A. $P(A \bigcup B) > P(A)$ B. $P(A \bigcup B) > P(B)$

C. $P(A \bigcup B) = P(A)$ D. $P(A \bigcup B) = P(B)$

28. (2006 年 2+2) 投篮比赛中，每位投手投篮三次，至少投中一次则可获奖. 某投手第一次投中的概率为 $\frac{1}{2}$；若第一次未投中，第二次投中的概率为 $\frac{7}{10}$；若第一、第二次均未投中，第三次投中的概率为 $\frac{9}{10}$，则该投手未获奖的概率为 （ ）

A. $\frac{1}{200}$ B. $\frac{2}{200}$ C. $\frac{3}{200}$ D. $\frac{4}{200}$

29. (2005 年 2+2) 随机事件 A 与 $\overline{B}$ 相互独立，则下列结论中成立的是（ ）

A. $P(A \bigcap B) \neq P(A)P(B)$

B. $(1-P(B))P(\overline{A}) = P(\overline{B} \bigcap \overline{A})$

C. $P(\overline{A})P(B) \neq P(B)P(\overline{A})$

D. $P(\overline{A \bigcup B}) = (1-P(B))(1-P(\overline{A}))$

30. (2003 年考研数学) 将一枚硬币独立地抛两次，引进事件：$A_1 = \{$抛第一次出现正面$\}$，$A_2 = \{$抛第二次出现正面$\}$，$A_3 = \{$正、反面各出现一次$\}$，$A_4 = \{$正面出现两次$\}$，则事件 （ ）

A. A_1, A_2, A_3 相互独立   B. A_2, A_3, A_4 相互独立

C. A_1, A_2, A_3 两两独立   D. A_2, A_3, A_4 两两独立

31. (2007 年考研数学) 某人向同一目标独立重复射击，每次射击命中目标的概率为 $p(0 < p < 1)$，则此人第四次射击恰好第二次击中目标的概率为 （ ）

A. $3p(1-p)^2$ B. $6p(1-p)^2$

C. $3p^2(1-p)^2$ D. $6p^2(1-p)^2$

32. 设每次试验成功的概率为 $p(0 < p < 1)$，重复进行试验直到第 n 次才取得 $r(1 \leqslant r \leqslant n)$ 次成功的概率为 （ ）

A. $C_{n-1}^{r-1} p^r (1-p)^{n-r}$ B. $C_n^r p^r (1-p)^{n-r}$

C. $C_{n-1}^{r-1} p^{r-1} (1-p)^{n-r+1}$ D. $p^r (1-p)^{n-r}$

B 组

1. 抛一次硬币，设 H 表示"出现正面"，T 表示"出现反面". 现将一枚硬币连抛两次，观察出现正、反面的情况，写出样本空间 Ω，并用样本点的集合表示事件 $A = \{$恰有一次出现正面$\}$.

2. 对某一目标进行射击，直到击中目标为止，观察其射击次数，写出样本空间 Ω，并用样本点的集合表示事件 $A = \{$射击次数不超过 5 次$\}$.

3. 设事件 $A = \{$五件产品中至少有一件是次品$\}$，事件 $B = \{$五件产品中次

品数不少于两件}. 试用与 A,B 同样的表示法表示事件 $\overline{A}$ 与 $\overline{B}$.

4. 设某试验的样本空间 $\Omega = \{1,2,\cdots,10\}$，事件 $A = \{3,4,5\}$，$B = \{4,5,6\}, C = \{6,7,8\}$，试用相应的样本点的集合表示下列事件：① $A\overline{B}$；② $\overline{A} \bigcup B$；③ $\overline{ABC}$；④ $\overline{A(B \bigcup C)}$.

5. 某人向一目标连射 3 枪，设 $A_i = \{$第 i 枪击中目标$\}, i = 1,2,3$. 试用事件 A_1, A_2, A_3 及事件的运算表示下列事件：

(1) $A = \{$只有第一枪击中目标$\}$；

(2) $B = \{$只有一枪击中目标$\}$；

(3) $C = \{$至少有一枪击中目标$\}$；

(4) $D = \{$最多有一枪击中目标$\}$；

(5) $F = \{$第一枪、第三枪中至少有一枪击中目标$\}$.

6. 用排列或组合方法，计算下列随机试验的样本空间的样本点（基本事件）总数：

(1) 观察三颗种子发芽的情况；

(2) 从 30 名同学中任选 2 人参加某项活动，观察选取情况；

(3) 将 a,b 两个球放入三个不同的盒子中（每个盒子容纳的球数不限），观察装球的情况.

7. 袋中装有两个 5 分、三个 2 分、五个 1 分的硬币，任意取出 5 个，求总数超过 1 角的概率.

8. 从标号为 1～100 的 100 件同型产品中任取一件，试求下列事件的概率：

(1) $A = \{$取到偶数号产品$\}$；

(2) $B = \{$取到号数不大于 30 的产品$\}$；

(3) $C = \{$取到号数能被 3 整除的产品$\}$.

9. 把 3 名学生等可能地分配到 5 间宿舍的每一间（一般每间宿舍限住 4 人）. 试求 3 名学生被分到不同宿舍的概率.

10. 袋中有 8 个红球和 2 个黑球，现从袋中任取两个球，试求取出的两个球中：

(1) 球的颜色相同的概率；

(2) 至少有一个黑球的概率；

(3) 最多有一个黑球的概率.

11. 在单位圆 O 的某一直径上随机地取一点 Q，试求过 Q 点且与该直径垂直的弦的长度不小于 1 的概率.

12. 设 $P(A) = 0.6, P(B) = 0.5, P(AB) = 0.2$. 试求：① $P(\overline{A}B)$；② $P(\overline{A}\overline{B})$；③ $P(\overline{A} \bigcup B)$；④ $P(\overline{A} \bigcup \overline{B})$.

13. 设 $P(A) = \dfrac{1}{2}, P(B) = \dfrac{1}{3}$，试就下列三种情况分别求 $P(\overline{A}B)$ 的值：

① A 与 B 互斥；② $A \supset B$；③ $P(AB) = \dfrac{1}{8}$.

14. 设 $C = \{A$ 与 B 恰好发生一个$\}$，证明：$P(C) = P(A) + P(B) - 2P(AB)$.

15. 某动物自出生算起活到 20 岁以上的概率为 0.8，活到 25 岁以上的概率为 0.4，试求现年 20 岁的动物能活到 25 岁以上的概率.

16. 为防止意外，在矿井内同时设有两种报警系统 A 与 B. 每种系统单独使用时，其有效的概率：系统 A 为 0.92，系统 B 为 0.93. 在 A 失灵的条件下，B 有效的概率为 0.85. 求：

(1) 发生意外时，这两个报警系统至少一个有效的概率；

(2) B 失灵的条件下，A 有效的概率.

17. （2008 年 2+2）已知在 10 件产品中有 2 件次品，现在其中任取两次，每次任取一件，不放回抽取，求下列事件的概率：

(1) 两件都是次品；

(2) 第二次取出的是次品.

18. 一商场为甲、乙、丙三个工厂销售同类型号的家电产品，这三个工厂产品的比例为 $1 : 2 : 1$，且它们的次品率分别为 0.1, 0.15, 0.2，某顾客从这些产品中任意选购一件，试求：

(1) 顾客买到正品的概率；

(2) 若已知顾客买到的是正品，则它是甲厂生产的概率是多少？

19. 有一袋麦种，其中一等的占 80%，二等的占 18%，三等的占 2%，已知一、二、三等麦种的发芽率分别为 0.8, 0.2, 0.1，现从袋中任取一粒麦种：

(1) 求它发芽的概率；

(2) 若已知取出的麦种未发芽，问它是一等麦种的概率是多少？

20. 设甲袋中有 4 个红球和 2 个白球，乙袋中有 3 个红球和 2 个白球. 现从甲袋任取两个球放到乙袋后，再从乙袋中任取一个球，发现取出的球是白球，则从甲袋取出放入乙袋的两个球都是白球的概率是多少？

21. （2005 年 2+2）在装有标号为 1，1，2，3 的四个乒乓球的盒中随机取球，取到 1 号球时可继续在装有四张奖券（四张中只有一张有奖）的盒中抽奖；取到 2 号球时可继续在装有五张奖券（五张中只有两张有奖）的盒中抽奖；取到 3 号球时可继续在装有六张奖券（六张中只有三张有奖）的盒中抽奖. 已知某人在一次抽奖中抽到奖，求他取到 2 号球的概率.

22. 假定用血清蛋白法诊断肝癌. 设 $C = \{$被检验者患有肝癌$\}$，$A = \{$诊断出被检验者患有肝癌$\}$. 已知 $P(A|C) = 0.95$，$P(\overline{A}|\overline{C}) = 0.98$，$P(C) = 0.004$. 现有某人被此检验法诊断患有肝癌，求此人的确患有肝癌的概率 $P(C \mid A)$.

23. 已知 $P(A) > 0$，$P(B) > 0$，试证明 A，B 相互独立与 A，B 互不相容不能

同时成立.

24. 设事件 A 与 B 相互独立,且已知 $P(A \cup B) = 0.6, P(A) = 0.4$,求 $P(B)$.

25. 对一目标射击三次,已知第一、二、三次射击命中的概率分别为 0.4, $0.5, 0.7$,试求三次射击中恰有一次命中的概率及至少有一次命中的概率.

26. 某人花钱买了 A、B、C 三种不同的奖券各一张.已知各种奖券中奖是相互独立的,中奖的概率分别为 $0.03, 0.01, 0.02$. 如果只要有一种奖券中奖,此人就一定赚钱,则此人赚钱的概率为多少?

27. 一批产品有 30% 的一级品,现进行重复抽样检查,共取 5 件样品,试求取出的 5 件样品中:

(1) 恰有两件一级品的概率;

(2) 至少有两件一级品的概率;

(3) 至多有两件一级品的概率.

28. 设每次试验事件 A 发生的概率均为 p,现进行四次独立试验,若已知事件 A 至少发生一次的概率为 $\dfrac{65}{81}$,试求 p.

29. 每个发动机正常工作的概率为 p,发动机是否正常工作相互独立,若至少有一半的发动机正常工作,则飞机就能正常飞行,问 p 为多大时,4 个发动机比 2 个发动机更可取?

30. 某超市蔬菜区有 4 名销售员,据经验每名销售员平均在一小时内用秤时间为 15 分钟,问该蔬菜区配置几台秤较为合理?

第 2 章 随机变量及其分布

在研究随机现象时,我们可以把在第 1 章提到的随机试验根据其结果的表现形式简单地分为数量形式(如,掷一颗骰子观察其点数)和非数量形式(如,抛一枚硬币观察其正反面向上的情况).

为了更深入地研究随机现象,我们将随机试验的结果不论是否为数量形式都予以数量化,以便对各种各样不同性质的试验能以统一形式表示试验中的事件,并能将微积分等数学工具引入概率论,为此,我们需引入随机变量的概念.

§2.1 随机变量

2.1.1 随机变量的定义

定义 2.1.1 设 E 是给定的一个随机试验,它的样本空间为 Ω. 如果对于每一个样本点 $\omega \in \Omega$,都有唯一的实数 $X(\omega)$ 与之对应,则称 $X(\omega)$ 是一个**随机变量**,简记为 X. 通俗地讲,随机变量就是依照随机试验结果而取值的变量.

注:(1)通常随机变量用大写英文字母 X, Y, Z 等表示,也可用希腊字母 ξ,η, ζ 等表示,而随机变量的具体取值则用小写字母 x, y, z 等表示.

(2)引入随机变量后,试验中的每个事件便可以通过此随机变量取某个值或在某范围内取值来表示.如观察掷一颗骰子的点数,如果用 X 表示"掷得的点数",则 X 取不同的值就表示不同的事件.

(3)用随机变量表示事件常见形式有:① $(X \leqslant x)$;② $(X > x) = \overline{(X \leqslant x)}$;③ $(x_1 < X \leqslant x_2) = (X \leqslant x_2) - (X \leqslant x_1)$ 等(这里 X 为随机变量,x, x_1, x_2 为实数).

(4)随机变量的取值(数值)依随机现象的结果而定,具体取值原则如下:① 结果本身就是数量描述的,一般可以自然定义随机变量 $X = X(\omega) = \omega$,$\omega \in \Omega$(如,例 2.1.1,例 2.1.2);② 结果不是用数量描述的,应尽量选择能反映现象的特征且简单的数值(如,例 2.1.3).

例 2.1.1 观察某电话交换台在时间 T 内接到的呼唤次数.若定义随机变量 X 表示在时间 T 内接到的呼唤次数,请重新表示下列各事件:

（1）$A =$ {接到呼唤次数不超过 10 次}；

（2）$B =$ {接到呼唤次数介于 5 次和 10 次之间}.

解　显然,样本空间 $\Omega = \{0,1,2,\cdots\}$. 于是,事件 $A = (X \leqslant 10)$；事件 $B = (5 \leqslant X \leqslant 10)$.

例 2.1.2　从一批灯泡中任取一个灯泡做寿命试验,即观察所取灯泡的使用寿命(单位:小时).请以随机变量的方式来表达下列随机事件:

（1）$A =$ {测得灯泡寿命大于 500 小时}；

（2）$B =$ {测得灯泡寿命不超过 5000 小时}.

解　样本空间 $\Omega = [0, +\infty)$. 可定义随机变量 X 表示所取灯泡的使用寿命. 于是,

事件 $A =$ {测得灯泡寿命大于 500 小时} $= (X > 500)$；

事件 $B =$ {测得灯泡寿命不超过 5000 小时} $= (X \leqslant 5000)$.

例 2.1.3　将一枚硬币上抛一次,观察正反面出现的情况.请构造一个随机变量来描述该随机试验.

解　试验的样本空间 $\Omega = \{H, T\}$(H—正面,T—反面). 可定义随机变量 X 表示上抛 1 次硬币正面出现的次数,即 $X = X(\omega) = \begin{cases} 1, & \omega = H \\ 0, & \omega = T \end{cases}$. 于是,对事件 $A =$ {出现正面},可以表示为 $(X = 1)$.

2.1.2　随机变量的分类

按照一定的标准,可以将随机变量分为**离散型随机变量**和**非离散型随机变量**两大类,非离散型随机变量分为连续型、混合型和奇异型等.目前,我们主要学习与研究离散型随机变量和连续型随机变量,至于其他类型的随机变量一般不涉及.定义如下:

1. **离散型随机变量**:只取有限个或可列无穷多个可能值的随机变量(如,例 2.1.1,例 2.1.3)；

2. **连续型随机变量**:可在整个数轴上取值或可取遍某个实数区间内所有实数的随机变量(如,例 2.1.2).

§2.2　离散型随机变量及其分布律

在上节中我们引入随机变量,介绍了随机变量的分类,随机变量分为离散型随机变量和非离散型随机变量两大类.在本节中,主要介绍离散型随机变量的分布律及几种常见的离散型随机变量.

27

2.2.1 离散型随机变量的分布律

定义 2.2.1 设离散型随机变量 X 的全部可能值为 $x_1, x_2, \cdots, x_n, \cdots$，$X$ 取各个值相应的概率为

$$P(X = x_i) = p_i, i = 1, 2, 3, \cdots. \tag{2.2.1}$$

或写成表格形式：

$$
\begin{array}{c|ccccc}
X & x_1 & x_2 & \cdots & x_i & \cdots \\
\hline
P & p_1 & p_2 & \cdots & p_i & \cdots
\end{array} \tag{2.2.2}
$$

称公式 (2.2.1) 或 (2.2.2) 为离散型随机变量 X 的**概率分布律**（或**分布列**），简称**分布律**.

注：(1) 通常 X 的全部可能值，按从小到大排列，即为 $x_1 < x_2 < \cdots < x_n < \cdots$.

(2) 描述离散型随机变量的分布律，要求：① 知道它的全部取值；② 知道它取每个值的概率.

(3) 公式 (2.2.1) 或 (2.2.2) 两者功能等价.

例 2.2.1 设袋中有 4 个红球，1 个白球. 从袋中随机抽取两次，每次取一个球. 设 X 表示所取得的白球数，试求以下两种情况的 X 的分布律：

(1) 有放回抽取；

(2) 不放回抽取.

解 (1) 当有放回抽取时，X 的可能取值为 $0,1,2$，则 X 的分布律为：

$$P(X = 0) = \frac{C_4^1}{C_5^1} \cdot \frac{C_4^1}{C_5^1} = \frac{16}{25}, \quad P(X = 1) = \frac{C_4^1}{C_5^1} \cdot \frac{C_1^1}{C_5^1} + \frac{C_1^1}{C_5^1} \cdot \frac{C_4^1}{C_5^1} = \frac{8}{25},$$

$$P(X = 2) = \frac{C_1^1}{C_5^1} \cdot \frac{C_1^1}{C_5^1} = \frac{1}{25};$$

或表示为：

$$
\begin{array}{c|ccc}
X & 0 & 1 & 2 \\
\hline
P & \frac{16}{25} & \frac{8}{25} & \frac{1}{25}
\end{array}
$$

(2) 当不放回抽取时，X 的可能取值为 $0,1$，则 X 的分布律为：

$$P(X = 0) = \frac{C_4^1}{C_5^1} \cdot \frac{C_3^1}{C_4^1} = \frac{3}{5}, \quad P(X = 1) = \frac{C_4^1}{C_5^1} \cdot \frac{C_1^1}{C_4^1} + \frac{C_1^1}{C_5^1} \cdot \frac{C_4^1}{C_5^1} = \frac{2}{5};$$

或表示为：

$$
\begin{array}{c|cc}
X & 0 & 1 \\
\hline
P & \frac{3}{5} & \frac{2}{5}
\end{array}
$$

2.2.2　离散型随机变量分布律的性质

(1) $p_i \geqslant 0 (i = 1, 2, \cdots)$（非负性）；

(2) $\sum_i P(X = x_i) = 1$（归一性）.

例 2.2.2　已知某随机变量的分布律为 $P(X = k) = a \cdot \dfrac{\lambda^k}{k!}$ $(\lambda > 0)$, $k = 0, 1, 2, \cdots$，求 a 的值.

解　根据归一性可得 $a\left(1 + \lambda + \dfrac{\lambda^2}{2!} + \cdots + \dfrac{\lambda^k}{k!} + \cdots\right) = 1$，所以 $a = \mathrm{e}^{-\lambda}$.

2.2.3　几种常见的离散型随机变量

1. 两点分布

只有两个取值的随机变量所服从的分布，称为**两点分布**. 其分布律为

X	x_1	x_2
P	$1-p$	p

特别地，两个取值为 $0, 1$，且取 1 的概率为 p 的两点分布，称为服从参数为 p 的 **0 - 1 分布**（又称为**伯努利分布**）. 其分布律为

X	0	1
P	$1-p$	p

注：对于一个随机试验，如果它的样本空间只包含两个样本点，即 $\Omega = \{\omega_1, \omega_2\}$，则总能在 Ω 上定义一个服从 0 - 1 分布的随机变量 $X = X(\omega) = \begin{cases} 0, & \omega = \omega_1 \\ 1, & \omega = \omega_2 \end{cases}$，来描述这个随机试验的结果. 所以，以后再见到两点分布就可以认为它就是 0 - 1 分布. 例如，新生婴儿性别登记，产品质量是否合格，车间电力消耗是否过载，抛一枚硬币观察正反面向上的情况等.

2. 离散型均匀分布

若随机变量 X 的分布律为 $P(X = x_k) = \dfrac{1}{n}, k = 1, 2, \cdots, n, (x_i \neq x_j, i \neq j)$，则称 X 服从**离散型均匀分布**.

注：描述古典概型的随机变量都服从离散型均匀分布.

3. 几何分布

若随机变量 X 的分布律为 $P(X = k) = p(1-p)^{k-1}, k = 1, 2, \cdots$，则称随机变量 X 服从参数为 p 的**几何分布**，记为 $X \sim G(p)$.

例 2.2.3 某射手命中率为 p，此射手向一个目标独立地连续进行射击，直到命中为止，若用 X 表示首次命中目标时的射击次数，则 X 的分布律为 $P(X=k)=p(1-p)^{k-1},k=1,2,\cdots$.

4. 二项分布

若随机变量 X 的分布律为 $P(X=k)=C_n^k p^k(1-p)^{n-k},k=0,1,2,\cdots,n$，则称随机变量 X 服从参数为 n,p 的**二项分布**，记为 $X\sim B(n,p)$. 显然，当 $n=1$ 时，二项分布就是参数为 p 的 $0-1$ 分布.

二项分布是离散型随机变量的重要概率分布之一，有着广泛的应用. 二项分布的背景是 n 重伯努利试验，即描述 n 重伯努利试验中事件 A 的发生次数的随机变量都服从二项分布.

5. 泊松(Poisson)分布

如果随机变量 X 的分布律为 $P(X=k)=\dfrac{\lambda^k}{k!}e^{-\lambda},k=0,1,2,\cdots$，其中 $\lambda>0$，则称 X 服从参数为 λ 的**泊松分布**，记为 $X\sim P(\lambda)$.

例如，某市 2011 年 1—6 月份每天火灾次数从理论上可以认为服从泊松分布. 直观示意图见图 2-1.

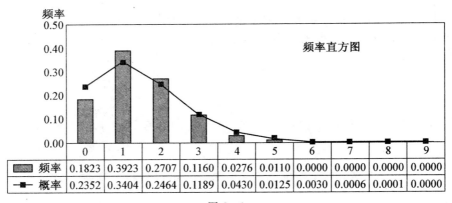

	0	1	2	3	4	5	6	7	8	9
频率	0.1823	0.3923	0.2707	0.1160	0.0276	0.0110	0.0000	0.0000	0.0000	0.0000
概率	0.2352	0.3404	0.2464	0.1189	0.0430	0.0125	0.0030	0.0006	0.0001	0.0000

图 2-1

泊松分布是离散型随机变量的重要概率分布之一，有广泛的应用. 例如，某段时间内来到某售票窗口买票的人数，或进入商店的顾客数；单位时间内某电话交换台接到的呼唤次数；一布匹上的瑕疵点数；某段时间内放射性物质放射出的质点数；显微镜下在某观察范围内的微生物数等，这些自然现象都可以通过泊松分布来描述加以研究.

在实际应用中，当参数 n 很大、p 很小时(通常要求 $n\geqslant 10,p\leqslant 0.1,np\leqslant 5$)，可以用泊松分布近似代替二项分布，有如下**泊松近似公式**成立：

$$C_n^k p^k(1-p)^{n-k}\approx\frac{\lambda^k}{k!}e^{-\lambda},\ k=0,1,2,\cdots,$$

其中 $\lambda = np$.

注：泊松近似分布的方便之处在于泊松分布有现成的分布表可查（见附表 2），免去复杂的计算.

泊松分布近似二项分布直观示意图见图 2-2.

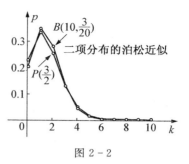

图 2-2

例 2.2.4　设随机变量 X 服从参数为 λ 的泊松分布，且已知 $P(X=1) = P(X=2)$，求 $P(X=4)$.

解　X 的分布律为 $P(X=k) = \dfrac{\lambda^k}{k!}\mathrm{e}^{-\lambda}$，$k = 0,1,2,\cdots$.

由已知 $P(X=1) = P(X=2)$，得方程 $\dfrac{\lambda^1}{1!}\mathrm{e}^{-\lambda} = \dfrac{\lambda^2}{2!}\mathrm{e}^{-\lambda}$，即 $\lambda^2 - 2\lambda = 0$，解得 $\lambda = 2$（$\lambda = 0$ 舍去）. 所以，$P(X=4) = \dfrac{2^4}{4!}\mathrm{e}^{-2} = \dfrac{2}{3}\mathrm{e}^{-2} \approx 0.09022$.

例 2.2.5　假定有若干台同型车床，彼此独立工作. 每台车床发生故障的概率都是 0.01，设 1 台车床的故障可由 1 人维修. 试就下述两种情况分别求出当车床发生故障时，需要等待维修的概率：(1) 若由 1 人负责维修 20 台车床；(2) 若由 3 人负责维修 60 台车床.

解　设 X 表示任一时刻发生故障的车床数.

(1) 1 人负责 20 台车床，在任一时刻观察 20 台车床是否发生故障，可看做 20 重伯努利试验. 于是 $X \sim B(20, 0.01)$，所求概率为：

$$P(X \geqslant 2) = 1 - P(X \leqslant 1) = 1 - P(X=0) - P(X=1)$$
$$= 1 - 0.99^{20} - 20 \times 0.01 \times 0.99^{19} \approx 0.0169.$$

因为 $n = 20$，$p = 0.01$，故可近似认为 $X \sim P(\lambda)$，$\lambda = np = 0.2$，所以

$$P(X \geqslant 2) \approx 1 - \mathrm{e}^{-0.2} - 0.2\mathrm{e}^{-0.2} \approx 0.0175.$$

(2) 3 人负责 60 台车床，在任一时刻观察 60 台车床是否发生故障，可看做 60 重伯努利试验，于是 $X \sim B(60, 0.01)$.

因此，所求概率为 $P(X \geqslant 4) = 1 - P(X \leqslant 3)$.

因为 $n = 60$，$p = 0.01$，故可近似认为 $X \sim P(\lambda)$，$\lambda = np = 0.6$，

$$P(X \geqslant 4) = 1 - P(X \leqslant 3) \approx 1 - \sum_{k=0}^{3} \frac{(0.6)^k \mathrm{e}^{-0.6}}{k!} \approx 0.00236.$$

§2.3　随机变量的分布函数

在上一节我们讨论了离散型随机变量及其分布描述方式之一，即分布律.

对离散型随机变量除了要求其取某个值的概率外,有时候还要求形如 $P(X \leqslant 1)$, $P(X > 2)$, $P(1 < X \leqslant 2)$ 之类的概率,它们都可以归结为形如 $P(X \leqslant a)$ 的计算.

对于连续型随机变量,由于其取值是不可列的,因此我们通常研究其取值在某个区间上的概率(请读者自己想想为什么?),即研究 $P(X \leqslant b)$,$P(X > a)$, $P(a < X \leqslant b)$ 等形式的概率,但最终它们还是可以归结为形如 $P(X \leqslant a)$ 的计算.

本节讨论的随机变量的分布函数,就是基于上述分析而提出的.分布函数不但可以用于描述离散型随机变量,而且也是描述连续型随机变量的一种重要手段.

2.3.1 随机变量的分布函数

定义 2.3.1 设 X 是一个随机变量(可以是离散型的,也可以是连续型的),称函数 $F(x) = P(X \leqslant x)$,$x \in R$ 为随机变量 X 的**分布函数**.有时,为了强调它是 X 的分布函数,也可记作 $F_X(x)$.

注:分布函数表达的是随机变量 X 在区间 $(-\infty, x]$ 上取值的概率规律,对每个 $x \in R$,$F(x)$ 有唯一确定的值与它对应,即 $F(x)$ 是 x 的函数.

例 2.3.1 设随机变量 X 的分布律为:

X	-1	2	3
P	0.25	0.5	0.25

求 X 的分布函数 $F(x)$.

解 当 $x < -1$ 时,$F(x) = P(X \leqslant x) = P(\varnothing) = 0$;

当 $-1 \leqslant x < 2$ 时,$F(x) = P(X \leqslant x) = P(X = -1) = 0.25$;

当 $2 \leqslant x < 3$ 时,$F(x) = P(X \leqslant x) = P(X = -1 \text{ 或 } X = 2) = 0.25 + 0.5 = 0.75$;

当 $x \geqslant 3$ 时,$F(x) = P(X \leqslant x) = P(X = -1 \text{ 或 } X = 2 \text{ 或 } X = 3) = 1$.

所以,$F(x) = \begin{cases} 0, & x < -1 \\ \dfrac{1}{4}, & -1 \leqslant x < 2 \\ \dfrac{3}{4}, & 2 \leqslant x < 3 \\ 1, & x \geqslant 3 \end{cases}$.

$F(x)$ 的图像见图 2-3.

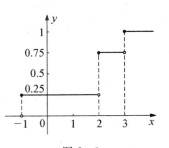

图 2-3

2.3.2　分布函数的性质

1. $F(x)$ 的值域：$0 \leqslant F(x) \leqslant 1$.

2. $F(x)$ 单调不减：$x_1 < x_2, F(x_1) \leqslant F(x_2)$.

3. $F(-\infty) = \lim\limits_{x \to -\infty} F(x) = 0, F(+\infty) = \lim\limits_{x \to +\infty} F(x) = 1$［主要用于 $F(x)$ 中未知参数的求解，如例 2.3.2］.

4. $F(x)$ 是右连续的：$\lim\limits_{x \to x_0^+} F(x) = F(x_0)$，即 $F(x_0 + 0) = F(x_0)$［主要用于 $F(x)$ 中的未知参数求解，如例 2.3.3］.

5. $P(x_1 < X \leqslant x_2) = P(X \leqslant x_2) - P(X \leqslant x_1) = F(x_2) - F(x_1)$，$P(X > x) = 1 - P(X \leqslant x)$.

注：以上性质大多可通过例 2.3.1 中 $F(x)$ 及其图像获得直观上的证明，但个别性质还需读者根据定义 2.3.1 自行验证.

例 2.3.2　设随机变量 X 的分布函数为

$$F(x) = A + B \arctan x, \quad -\infty < x < +\infty,$$

试求常数 A 和 B.

解　由分布函数的性质，我们有

$$0 = \lim\limits_{x \to -\infty} F(x) = \lim\limits_{x \to -\infty} (A + B \arctan x) = A - \frac{\pi}{2}B,$$

$$1 = \lim\limits_{x \to +\infty} F(x) = \lim\limits_{x \to +\infty} (A + B \arctan x) = A + \frac{\pi}{2}B,$$

解方程组 $\begin{cases} A - \dfrac{\pi}{2}B = 0 \\ A + \dfrac{\pi}{2}B = 1 \end{cases}$，得 $A = \dfrac{1}{2}, B = \dfrac{1}{\pi}$.

例 2.3.3　设随机变量 X 的分布函数为 $F(x) = \begin{cases} \dfrac{1}{2}e^x, & x < 0 \\ \dfrac{1}{2}, & 0 \leqslant x \leqslant 1 \\ 1 - Ae^{-(x-1)}, & x > 1 \end{cases}$

求 (1) A 的值；(2) $P\left(X > \dfrac{1}{3}\right)$.

解　(1) 由分布函数在每一点都右连续，考察 $F(x)$ 在 $x = 1$ 的右连续性有

$$\lim\limits_{x \to 1^+} F(x) = \lim\limits_{x \to 1^+} (1 - Ae^{-(x-1)}) = 1 - A = F(1) = \frac{1}{2}, \text{得} A = \frac{1}{2};$$

(2) $P\left(X > \dfrac{1}{3}\right) = 1 - P\left(X \leqslant \dfrac{1}{3}\right) = 1 - F\left(\dfrac{1}{3}\right) = \dfrac{1}{2}$.

2.3.3 离散型随机变量分布函数与分布律的关系

设 X 是一个离散型随机变量,分布律为 $P(X=x_k)=p_k, k=1,2,\cdots$,则分布函数与分布律的关系为:$F(x)=P(X\leqslant x)=\sum\limits_{k: x_k\leqslant x} P(X=x_k)$.

注:请读者结合上述关系式与例 2.3.1,理解并掌握离散型随机变量分布函数与分布律的关系.

例 2.3.4 已知随机变量 X 的分布函数为 $F(x)=\begin{cases} 0, & x<-1 \\ 0.3, & -1\leqslant x<0 \\ 0.8, & 0\leqslant x<1 \\ 1, & x\geqslant 1 \end{cases}$,

求:(1) 随机变量 X 的分布律;(2) $P(-0.1<X\leqslant 0.6)$.

解 (1) 由离散型随机变量分布函数与分布律的关系,易知随机变量 X 的分布律为

X	-1	0	1
P	0.3	0.5	0.2

(2) $P(-0.1<X\leqslant 0.6)=F(0.6)-F(-0.1)=0.8-0.3=0.5$.

§2.4 连续型随机变量及其概率密度

在上一节我们给出了分布函数的概念,它不但可以用来描述离散型随机变量,而且可以描述连续型随机变量.但有时候,人们会问一个简单的问题:连续型随机变量除了可以用分布函数描述外,是否有像描述离散型随机变量的分布律那样的类似方式,用于描述连续型随机变量?(显然,不能用分布律描述连续型随机变量)为此,我们下面引入了概率密度函数的概念.

2.4.1 连续型随机变量的定义

定义 2.4.1 设随机变量 X 的分布函数为 $F(x)$,如果存在非负函数 $f(x)$ 使得 $F(x)$ 可表示为积分 $F(x)=\int_{-\infty}^{x} f(t)\mathrm{d}t, -\infty<x<+\infty$,则称随机变量 X 为**连续型随机变量**;非负函数 $f(x)$ 称为随机变量 X 的**概率密度函数**,也简称为**概率密度**,记为 $X\sim f(x)$.

注:(1) 在上述定义中严格定义了连续型随机变量,读者可以与 §2.1 中连续型随机变量的定义作比较.

（2）连续型随机变量的分布函数对应概率密度的积分，其几何意义见图 2-4.

（3）可以证明，连续型随机变量的分布函数是连续的.

（4）① 已知概率密度 $f(x)$，求分布函数 $F(x)$ 的方法：计算积分 $F(x) = \int_{-\infty}^{x} f(t)\mathrm{d}t$. 需要注意的是，当 $f(x)$ 为分段函数时，应根据相应的分段区间，分别讨论 $F(x)$ 的表达式. ② 已知分布函数 $F(x)$，求概率密度 $f(x)$ 的方法：求 $F(x)$ 的导数，即 $f(x) = F'(x)$. 需要注意的是，当 $F(x)$ 为分段函数时，分段求出 $f(x)$ 的表达式（对于不可导的点，其导数值可以根据需要任意取定）.

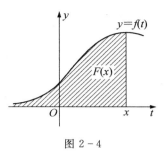

图 2-4

2.4.2 连续型随机变量的概率密度 $f(x)$ 的性质及几何解释

1. $f(x) \geqslant 0, -\infty < x < +\infty$，表明概率密度曲线 $y = f(x)$ 在 x 轴上方.

2. $\int_{-\infty}^{+\infty} f(x)\mathrm{d}x = 1$，表明概率密度曲线 $y = f(x)$ 与 x 轴所夹图形的面积为 1［多用于求解密度函数 $f(x)$ 中的未知参数，如例 2.4.2］.

3. $\left.\begin{array}{l} P(a < X < b) \\ P(a < X \leqslant b) \\ P(a \leqslant X \leqslant b) \end{array}\right\} = \int_{a}^{b} f(x)\mathrm{d}x = F(b) - F(a)$,

表明 X 落在区间 (a,b) 内的概率等于以区间 (a,b) 为底、以概率密度曲线 $y = f(x)$ 为顶的曲边梯形面积，几何意义见图 2-5.

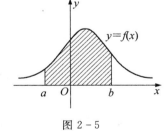

图 2-5

4. $P(X = a) = \lim_{\varepsilon \to 0} \int_{a}^{a+\varepsilon} f(x)\mathrm{d}x = 0$，即连续型随机变量取任一定值（单值点）的概率为 0.

注：不可能事件的概率一定为 0；概率为 0 的事件不一定是不可能事件.

5. 由 $f(x) = \lim_{\Delta x \to 0} \dfrac{P(x < X \leqslant x + \Delta x)}{\Delta x}$ 及积分中值定理知：当 Δx 充分小时，$P(x < X \leqslant x + \Delta x) \approx f(x)\Delta x$，说明概率密度 $f(x)$ 的大小反映了 X 在 x 附近取值的概率大小，对于连续型随机变量，用概率密度描述其分布比用分布函数更直观.

例 2.4.1 设随机变量 X 的分布函数为 $F(x) = \begin{cases} \dfrac{1}{2}\mathrm{e}^x, & x < 0 \\ \dfrac{1}{2} + \dfrac{x}{4}, & 0 \leqslant x < 2 \\ 1, & x \geqslant 2 \end{cases}$，试

求 X 的概率密度函数.

解 显然,除去 $x=0$ 及 $x=2$ 这两点之外,$F'(x)$ 存在且连续.因此,对 $F(x)$

分段求导得 $f(x) = \begin{cases} \dfrac{1}{2}e^x, & x<0 \\ \dfrac{1}{4}, & 0<x<2 \\ 0, & x>2 \end{cases}$.最后,为了 $f(x)$ 的表达式表示简便,规

定 $F'(0)=\dfrac{1}{4}$,$F'(2)=0$.所以,X 的概率密度函数 $f(x) = \begin{cases} \dfrac{1}{2}e^x, & x<0 \\ \dfrac{1}{4}, & 0\leqslant x<2 \\ 0, & x\geqslant 2 \end{cases}$.

例 2. 4. 2 设随机变量 X 具有概率密度 $f(x)=\dfrac{A}{1+x^2}$,$-\infty<x<+\infty$,试求:(1) 常数 A;(2) X 的分布函数 $F(x)$;(3) $P(0<X<1)$.

解 (1) 由 $\displaystyle\int_{-\infty}^{+\infty} f(x)\mathrm{d}x=1$,$\displaystyle\int_{-\infty}^{+\infty} \dfrac{A}{1+x^2}\mathrm{d}x=A\int_{-\infty}^{+\infty} \dfrac{1}{1+x^2}\mathrm{d}x=A\arctan x\Big|_{-\infty}^{+\infty}$

$=A\pi=1$,得 $A=\dfrac{1}{\pi}$;

(2) $F(x)=\displaystyle\int_{-\infty}^{x} f(t)\mathrm{d}t=\dfrac{1}{\pi}\int_{-\infty}^{x}\dfrac{1}{1+t^2}\mathrm{d}t=\dfrac{1}{\pi}\arctan x+\dfrac{1}{2}$,$-\infty<x<+\infty$;

(3) $P(0<X<1)=\displaystyle\int_{0}^{1} f(x)\mathrm{d}x=\dfrac{1}{\pi}\int_{0}^{1}\dfrac{1}{1+x^2}\mathrm{d}x=\dfrac{1}{\pi}\arctan x\Big|_{0}^{1}=\dfrac{1}{4}$,

或者 $P(0<X<1)=F(1)-F(0)=\dfrac{1}{2}+\dfrac{1}{4}-\dfrac{1}{2}=\dfrac{1}{4}$.

例 2. 4. 3 设连续型随机变量 X 的概率密度 $f(x) = \begin{cases} Ax, & 0\leqslant x\leqslant 1 \\ A(2-x), & 1<x\leqslant 2 \\ 0, & \text{其他} \end{cases}$

试求:(1) 常数 A 之值;(2) X 的分布函数 $F(x)$;(3) $P\left(\dfrac{1}{2}\leqslant X\leqslant\dfrac{3}{2}\right)$.

解 (1) 因为 $\displaystyle\int_{-\infty}^{+\infty} f(x)\mathrm{d}x=1$,所以 $\displaystyle\int_{0}^{1} Ax\,\mathrm{d}x+\int_{1}^{2} A(2-x)\mathrm{d}x=1$,即 $\dfrac{1}{2}A+$

$\dfrac{1}{2}A=1$,于是 $A=1$.

(2) 因为 $F(x)=\displaystyle\int_{-\infty}^{x} f(t)\mathrm{d}t$,且注意到 $f(x)$ 为分段函数,所以 $F(x)$ 也应分段讨论:

（ⅰ）当 $x<0$ 时,$F(x)=\displaystyle\int_{-\infty}^{x} f(t)\mathrm{d}t=\int_{-\infty}^{x} 0\mathrm{d}t=0$;

（ⅱ）当 $0 \leqslant x \leqslant 1$ 时，$F(x) = \int_{-\infty}^{x} f(t)\mathrm{d}t = \int_{-\infty}^{0} 0\mathrm{d}t + \int_{0}^{x} t\mathrm{d}t = \dfrac{x^2}{2}$；

（ⅲ）当 $1 < x \leqslant 2$ 时，$F(x) = \int_{-\infty}^{x} f(t)\mathrm{d}t = \int_{-\infty}^{0} 0\mathrm{d}t + \int_{0}^{1} t\mathrm{d}t + \int_{1}^{x} (2-t)\mathrm{d}t$

$$= \frac{1}{2} + \left(2x - \frac{x^2}{2} - \frac{3}{2}\right) = -\frac{x^2}{2} + 2x - 1;$$

（ⅳ）当 $x > 2$ 时，$F(x) = \int_{-\infty}^{x} f(t)\mathrm{d}t$

$$= \int_{-\infty}^{0} 0\mathrm{d}t + \int_{0}^{1} t\mathrm{d}t + \int_{1}^{2} (2-t)\mathrm{d}t + \int_{2}^{x} 0\mathrm{d}t = 1;$$

综上所述，$F(x) = \begin{cases} 0, & x < 0 \\ \dfrac{x^2}{2}, & 0 \leqslant x \leqslant 1 \\ -\dfrac{x^2}{2} + 2x - 1, & 1 < x \leqslant 2 \\ 1, & x > 2 \end{cases}$.

（3）$P\left(\dfrac{1}{2} \leqslant X \leqslant \dfrac{3}{2}\right) = \int_{\frac{1}{2}}^{\frac{3}{2}} f(x)\mathrm{d}x = \int_{\frac{1}{2}}^{1} x\mathrm{d}x + \int_{1}^{\frac{3}{2}} (2-x)\mathrm{d}x = \dfrac{3}{4}$，

或者　　$P\left(\dfrac{1}{2} \leqslant X \leqslant \dfrac{3}{2}\right) = F\left(\dfrac{3}{2}\right) - F\left(\dfrac{1}{2}\right) = \dfrac{3}{4}$.

§2.5　几种常见的连续型随机变量

在上一节中，我们讨论了连续型随机变量. 连续型随机变量取值的概率规律可以用分布函数或概率密度描述. 本节主要介绍几种常见的连续型随机变量，它们在实际应用和理论研究中经常被引用.

2.5.1　均匀分布

1. 均匀分布的概念

定义 2.5.1　若连续型随机变量 X 的概率密度

$$f(x) = \begin{cases} \dfrac{1}{b-a}, & x \in (a,b)（或[a,b]） \\ 0, & \text{其他} \end{cases},$$

则称 X 在区间 (a,b)（或 $[a,b]$）上服从**均匀分布**，记为 $X \sim U(a,b)$（或 $X \sim U[a,b]$）.

2. 均匀分布的性质

（1）$P(X \geqslant b) = P(X \leqslant a) = 0$；

(2) $\forall a < c < d < b, P(c < X < d) = \int_c^d \frac{1}{b-a}\mathrm{d}x = \frac{d-c}{b-a}$;

(3) X 的分布函数 $F(x) = \begin{cases} 0, & x \leqslant a \\ \frac{x-a}{b-a}, & a < x < b. \\ 1, & x \geqslant b \end{cases}$

3. 均匀分布的实际背景

如果试验中所定义的随机变量 X 仅在一个有限区间 (a,b)（或 $[a,b]$）上取值,且在其内取值具有"等可能"性,则可认为 $X \sim U(a,b)$（或 $X \sim U[a,b]$）,例如四舍五入问题、候车问题等.

例 2.5.1 某公共汽车从上午 7:00 起每隔 15 分钟有一趟班车经过某车站,即 7:00,7:15,7:30 等时刻有班车到达此车站,如果某乘客是在 7:00 至 7:30 等可能地到达此车站候车,问他等候不超过 5 分钟便能乘上汽车的概率.

解 设乘客于 7 点过 X 分钟到达车站,则 $X \sim U[0,30]$,即其概率密度为

$$f(x) = \begin{cases} \frac{1}{30}, & x \in [1,30] \\ 0, & \text{其他} \end{cases}.$$

于是,该乘客等候不超过 5 分钟便能乘上汽车的概率为

$$P(10 \leqslant X \leqslant 15 \text{ 或 } 25 \leqslant X \leqslant 30) = P(10 \leqslant X \leqslant 15) + P(25 \leqslant X \leqslant 30)$$
$$= \int_{10}^{15} \frac{1}{30}\mathrm{d}x + \int_{25}^{30} \frac{1}{30}\mathrm{d}x = \frac{1}{3}.$$

2.5.2 指数分布

1. 指数分布的概念

定义 2.5.2 如果连续型随机变量 X 的概率密度为 $f(x) = \begin{cases} \lambda e^{-\lambda x}, & x > 0 \\ 0, & x \leqslant 0 \end{cases}$,

其中 $\lambda > 0$ 为常数,则称 X 服从参数为 λ 的**指数分布**,记为 $X \sim E(\lambda)$.

2. 指数分布的性质

(1) X 的分布函数 $F(x) = \begin{cases} 0, & x \leqslant 0 \\ 1 - e^{-\lambda x}, & x > 0 \end{cases}$;

(2) $P(X > t) = e^{-\lambda t}, t > 0$;

(3) $P(t_1 < X < t_2) = e^{-\lambda t_1} - e^{-\lambda t_2}, t_1 > 0$;

(4) 对任意实数 $s > 0, t > 0, P(X > s+t \mid X > s) = P(X > t)$.

下面仅就性质（4）给出证明.对其他性质,读者可以自行证明.

$$P(X > s + t \mid X > s) = \frac{P(X > s + t, X > s)}{P(X > s)}$$

$$= \frac{P(X > s + t)}{P(X > s)} = \frac{\mathrm{e}^{-\lambda(s+t)}}{\mathrm{e}^{-\lambda s}}$$

$$= \mathrm{e}^{-\lambda t} = P(X > t).$$

性质(4)的直观意义可解释如下:若令 X 表示某一电子元件的寿命,性质(4)就意味着一个已使用 s 小时未损坏的电子元件,能够再继续使用 t 小时以上的概率,与一个新电子元件能够使用 t 小时以上的概率相同.这似乎有点不可思议,但实际上,它表明了电子元件的损坏纯粹是由随机因素造成的,元件的衰老作用并不被考虑,所以指数分布是客观世界中一种自然现象的简单抽象.

3. 指数分布的实际背景

在实践中,如果随机变量 X 表示某一随机事件发生所需等待的时间,则一般 $X \sim E(\lambda)$.例如,某电子元件直到损坏所需的时间(即寿命)、随机服务系统中的服务时间、在某邮局等候服务的等候时间等均可认为是服从指数分布.指数分布中参数 λ 的倒数 $\frac{1}{\lambda}$ 的实际意义是寿命(或服务时间)X 的平均值.

例 2.5.2 设随机变量 X 服从参数为 $\lambda = 0.015$ 的指数分布,(1) 求 $P(X > 100)$;(2) 若要使 $P(X > x) < 0.1$,x 应当在哪个范围内?

解 (1) 由于 $X \sim E(0.015)$,即其概率密度为 $f(x) = \begin{cases} 0.015\mathrm{e}^{-0.015x}, & x > 0, \\ 0, & x \leqslant 0, \end{cases}$

所以 $P(X > 100) = \displaystyle\int_{100}^{+\infty} f(x)\mathrm{d}x = \int_{100}^{+\infty} 0.015\mathrm{e}^{-0.015x}\mathrm{d}x = (-\mathrm{e}^{-0.015x})\Big|_{100}^{+\infty} = \mathrm{e}^{-1.5} = 0.223$;

(2) 要使 $P(X > x) < 0.1$,即

$$\int_{x}^{+\infty} f(t)\mathrm{d}t = \int_{x}^{+\infty} 0.015\mathrm{e}^{-0.015t}\mathrm{d}t = (-\mathrm{e}^{-0.015t})\Big|_{x}^{+\infty} = \mathrm{e}^{-0.015x} < 0.1,$$

取对数得 $-0.015x < \ln 0.1$,解得 $x > \dfrac{-\ln 0.1}{0.015} = 153.5$.

例 2.5.3 设顾客在某银行的窗口等待服务时间 X(以分钟计)服从指数分布,概率密度为 $f_X(x) = \begin{cases} \dfrac{1}{5}\mathrm{e}^{-\frac{1}{5}x}, & x > 0 \\ 0, & \text{其他} \end{cases}$. 某人在窗口等待服务,若等待时间超过 10 分钟,他就离去.他一个月要到银行 5 次,每次之间相互独立,以 Y 表示他在一个月内没等到服务而离开的次数,写出 Y 的分布律,并求 $P(Y \geqslant 1)$.

解 设事件 $A = \{$等待时间超过 10 分钟而离去$\}$,

39

$$P(A) = P(X > 10) = \mathrm{e}^{-\frac{1}{5} \times 10} = \mathrm{e}^{-2},$$

观察每月去银行 5 次是否离开的情况可以看成是 5 重伯努利试验,因此 $Y \sim B(5, \mathrm{e}^{-2})$,分布律为 $P(Y = k) = C_5^k (\mathrm{e}^{-2})^k (1 - \mathrm{e}^{-2})^{5-k}, k = 1, 2, 3, 4, 5$, $P(Y \geqslant 1) = 1 - P(Y = 0) = 1 - C_5^0 (\mathrm{e}^{-2})^0 (1 - \mathrm{e}^{-2})^5 = 1 - (1 - \mathrm{e}^{-2})^5$.

2.5.3 正态分布(高斯分布)

1. 正态分布的概念

定义 2.5.3 如果随机变量 X 的概率密度为 $f(x) = \dfrac{1}{\sqrt{2\pi}\sigma} \mathrm{e}^{-\frac{(x-\mu)^2}{2\sigma^2}}$,

$-\infty < x < +\infty$,其中 $\sigma > 0, \mu, \sigma$ 为常数,则称 X 服从参数为 μ, σ 的**正态分布**,记为 $X \sim N(\mu, \sigma^2)$. 相应地,称 $y = f(x)$ 的曲线为正态曲线(见图 2-6,它是一条钟形曲线:中间大,两头小,且对称).

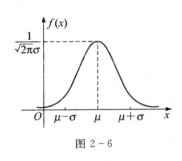

图 2-6

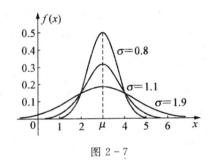

图 2-7

2. 正态分布的性质

(1) 正态曲线关于直线 $x = \mu$ 对称;当 $x = \mu$ 时,$f(x)$ 达到最大值 $\dfrac{1}{\sqrt{2\pi}\sigma}$.

(2) 正态曲线以 x 轴为其渐近线,并当 $x = \mu \pm \sigma$ 时,曲线有拐点.

(3) ① 当 σ 不变、μ 改变时,密度曲线 $y = f(x)$ 形状不变,但位置要沿 x 轴方向左、右平移. ② 当 μ 不变、σ 改变时,σ 变大,曲线变平坦;σ 变小,曲线变尖窄,见图 2-7.

(4) 若 $X \sim N(\mu, \sigma^2)$,则 X 的分布函数为

$$F(x) = \frac{1}{\sqrt{2\pi}\sigma} \int_{-\infty}^{x} \mathrm{e}^{-\frac{(t-\mu)^2}{2\sigma^2}} \mathrm{d}t, x \in (-\infty, +\infty).$$

上述积分是存在的,但是不能用初等函数表示,两对正态分布的密度曲线和相应的分布函数图像如图 2-8 所示,以便读者对这两个函数有一个直观认识.

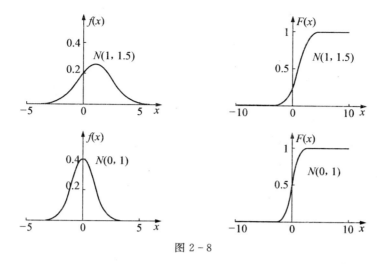

图 2 - 8

3. 正态分布的实际背景

在实践中,如果随机变量 X 表示许许多多均匀微小随机因素的总效应,则它通常近似地服从正态分布,如测量产生的误差、噪声电压、产品的尺寸等均可认为近似地服从正态分布.

特别值得注意的是正态分布无论在理论上,还是在实际应用中都是概率论与数理统计中最重要的分布.

4. 标准正态分布及其性质

当 $\mu = 0, \sigma = 1$ 时的正态分布 $N(0,1)$ 称为**标准正态分布**,其概率密度和分布函数通常用约定的符号记为:

$$\varphi(x) = \frac{1}{\sqrt{2\pi}} \mathrm{e}^{-\frac{x^2}{2}}, \ -\infty < x < +\infty;$$

$$\Phi(x) = \frac{1}{\sqrt{2\pi}} \int_{-\infty}^{x} \mathrm{e}^{-\frac{t^2}{2}} \mathrm{d}t, \ -\infty < x < +\infty.$$

易见,$\varphi(-x) = \varphi(x), \varphi(0) = \dfrac{1}{\sqrt{2\pi}}; \Phi(-x) = 1 - \Phi(x), \Phi(0) = \dfrac{1}{2}.$

注:当 $x \geqslant 0$ 时,可直接查到 $\Phi(x)$ 的值(见附表 1),当 $x \geqslant 3.9$ 时,$\Phi(x) \approx 1$;当 $x < 0$ 时,$\Phi(x) = 1 - \Phi(-x).$

5. 一般正态分布的标准化

定理 2.5.1 若随机变量 $X \sim N(\mu, \sigma^2)$,则 $X^* = \dfrac{X - \mu}{\sigma} \sim N(0,1).$

证明 X^* 的分布函数 $F(x) = P(X^* \leqslant x) = P\left(\dfrac{X - \mu}{\sigma} \leqslant x\right)$

$$= P(X \leqslant \sigma x + \mu) = \int_{-\infty}^{\sigma x + \mu} \frac{1}{\sqrt{2\pi}\sigma} \mathrm{e}^{-\frac{(t-\mu)^2}{2\sigma^2}} \mathrm{d}t$$

$$= \int_{-\infty}^{x} \frac{1}{\sqrt{2\pi}} e^{-\frac{u^2}{2}} \mathrm{d}u = \Phi(x) \quad \left(令\ u = \frac{t-\mu}{\sigma} \right),$$

从而 $X^* = \dfrac{X-\mu}{\sigma} \sim N(0,1)$.

通常，我们把 $X^* = \dfrac{X-\mu}{\sigma}$ 称为 X 的**标准化随机变量**. 因此，关于一般正态分布的问题，都可以转化为标准正态分布的问题来解决！

6. 正态分布的几个常用计算公式

若随机变量 $X \sim N(0,1)$，其中 $a > 0$，则

(1) $P(X \leqslant a) = \Phi(a)$;

(2) $P(a < X \leqslant b) = \Phi(b) - \Phi(a)$;

(3) $P(|X| \leqslant a) = \Phi(a) - \Phi(-a) = 2\Phi(a) - 1$;

(4) $P(|X| > a) = 1 - P(|X| \leqslant a) = 2(1 - \Phi(a))$.

若随机变量 $X \sim N(\mu, \sigma^2)$，其中 $a > 0$，则

(1) $P(X \leqslant a) = P\left(\dfrac{X-\mu}{\sigma} \leqslant \dfrac{a-\mu}{\sigma} \right) = \Phi\left(\dfrac{a-\mu}{\sigma} \right)$;

(2) $P(a < X < b) = P\left(\dfrac{a-\mu}{\sigma} \leqslant \dfrac{X-\mu}{\sigma} \leqslant \dfrac{b-\mu}{\sigma} \right) = \Phi\left(\dfrac{b-\mu}{\sigma} \right) - \Phi\left(\dfrac{a-\mu}{\sigma} \right)$;

(3) $P(|X| \leqslant a) = \Phi\left(\dfrac{a-\mu}{\sigma} \right) - \Phi\left(\dfrac{-a-\mu}{\sigma} \right)$.

例 2.5.4 设随机变量 $X \sim N(0,1)$，求 $P(1 < X < 2)$，$P(|X| < 1)$，$P(|X| > 2)$.

解 $P(1 < X < 2) = \Phi(2) - \Phi(1) = 0.9772 - 0.8413 = 0.1359$,

$P(|X| < 1) = 2\Phi(1) - 1 = 2 \times 0.8413 - 1 = 0.6826$,

$P(|X| \geqslant 2) = 2(1 - \Phi(2)) = 2(1 - 0.9772) = 0.0456$.

例 2.5.5 设随机变量 $X \sim N(1,4)$，试求 $P(0 < X < 1.6)$ 及 $P(X > 5)$.

解 $P(0 < X < 1.6) = \Phi\left(\dfrac{1.6-1}{2} \right) - \Phi\left(\dfrac{0-1}{2} \right)$

$$= \Phi(0.3) - \Phi(-0.5)$$

$$= 0.6179 - 0.3085 = 0.3094,$$

$P(X > 5) = 1 - P(X \leqslant 5) = 1 - \Phi\left(\dfrac{5-1}{2} \right) = 1 - \Phi(2)$

$$= 1 - 0.9772 = 0.0228.$$

例 2.5.6 从某地乘车前往火车站搭火车，有两条路可走：① 走市区，路程短但交通拥挤，所需时间 $X_1 \sim N(50,100)$；② 走郊区，路程长但意外阻塞少，所需时间 $X_2 \sim N(60,16)$. 问若有 70 分钟可用，应走哪条路线？如果有 65 分钟可用又如何选择路线呢？

解　当有 70 分钟可用时,走市区和郊区及时赶上火车的概率分别为:

$$P(X_1 \leqslant 70) = \Phi\left(\frac{70-50}{10}\right) = \Phi(2) = 0.97725,$$

$$P(X_2 \leqslant 70) = \Phi\left(\frac{70-60}{4}\right) = \Phi(2.5) = 0.9938,$$

故应走郊区路线.

同样计算,当有 65 分钟可用时,走市区和郊区及时赶上火车的概率分别为:

$$P(X_1 \leqslant 65) = \Phi\left(\frac{65-50}{10}\right) = \Phi(1.5) = 0.9332,$$

$$P(X_2 \leqslant 65) = \Phi\left(\frac{65-60}{4}\right) = \Phi(1.25) = 0.8944,$$

此时应改走市区路线.

例 2.5.7　设随机变量 $X \sim N(\mu,\sigma^2)$,试求:

(1) $P(\mu-\sigma < X < \mu+\sigma)$;

(2) $P(\mu-2\sigma < X < \mu+2\sigma)$;

(3) $P(\mu-3\sigma < X < \mu+3\sigma)$.

解　(1) $P(\mu-\sigma < X < \mu+\sigma) = P\left(-1 < \dfrac{X-\mu}{\sigma} < 1\right) = 2\Phi(1)-1 = 0.6826$;

(2) $P(\mu-2\sigma < X < \mu+2\sigma) = 2\Phi(2)-1 = 0.9544$;

(3) $P(\mu-3\sigma < X < \mu+3\sigma) = 2\Phi(3)-1 = 0.9974$.

从理论上讲,服从正态分布的随机变量 X 的可能取值范围是 $(-\infty,+\infty)$. 但实际上,X 取区间 $(\mu-3\sigma,\mu+3\sigma)$ 之外的数值的可能性微乎其微,一般可忽略不计. 因此,实际上常常认为正态分布的可能取值范围是有限区间 $(\mu-3\sigma,\mu+3\sigma)$,这就是所谓的正态分布的 3σ-规则. 在企业管理中,经常应用 3σ-规则进行质量检验和工艺过程的控制.

7. 标准正态分布的上 α 分位点

定义 2.5.4　设随机变量 $X \sim N(0,1)$,其概率密度为 $\varphi(x)$. 对于给定的数 $\alpha,0<\alpha<1$, 称满足条件 $P(X>Z_\alpha) = \displaystyle\int_{Z_\alpha}^{+\infty} \varphi(x)\mathrm{d}x = \alpha$ 的数 Z_α 为标准正态分布的**上 α 分位点**. 其几何意义如图 2-9 所示. 从图像中易见 $\Phi(Z_\alpha) = 1-\alpha$(这里 α 已知,Z_α 未知). 当然,也可推导如下:

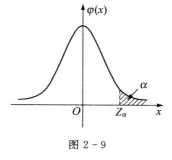

图 2-9

$$P(X>Z_\alpha) = \int_{Z_\alpha}^{+\infty} \varphi(x)\mathrm{d}x = \int_{-\infty}^{+\infty} \varphi(x)\mathrm{d}x - \int_{-\infty}^{Z_\alpha} \varphi(x)\mathrm{d}x = 1-\Phi(Z_\alpha) = \alpha,$$

所以　　$\Phi(Z_\alpha) = 1-\alpha.$

概 率 统 计 教 程

§2.6 随机变量函数的分布

前面几节我们讨论了随机变量 X(离散型或连续型) 的分布. 但在实际应用中,经常要求出 X 的函数 $Y = g(X)$(一般也是一个随机变量) 的分布. 例如,在圆形零件的生产过程中,若 X 表示零件的直径(随机变量),Y 表示零件的横断面积,则 $Y = \dfrac{\pi}{4}X^2$ 是随机变量. 问题是:若已知 X 的分布,如何求 $Y = g(X)$ 的分布?下面,我们分两种情况来讨论.

2.6.1 离散型随机变量函数的分布

例 2.6.1 设离散型随机变量 X 的分布律为

X	-1	0	1	2	3
P	0.2	0.1	0.1	0.3	0.3

求:(1) $Y = X - 1$;(2) $Y = -2X^2$ 的分布律.

解 (1) 由 X 的可能值求出 Y 的可能值,如下:

X	-1	0	1	2	3
$Y = X-1$	-2	-1	0	1	2

于是 Y 的分布律为:

Y	-2	-1	0	1	2
P	0.2	0.1	0.1	0.3	0.3

(2) $Y = -2X^2$ 的可能值如下:

X	-1	0	1	2	3
$Y = -2X^2$	-2	0	-2	-8	-18

由于 Y 的值有相同的,即 -2,因此相应的概率应按概率的可加性进行相加. 最后,得 Y 的分布律为:

Y	-18	-8	-2	0
P	0.3	0.3	0.3	0.1

44

例 2.6.2　已知离散型随机变量 X 的分布律为：

X	1	2	$\cdots$	n	$\cdots$
P	$\dfrac{1}{2}$	$\dfrac{1}{2^2}$	$\cdots$	$\dfrac{1}{2^n}$	$\cdots$

$$Y = g(X) = \begin{cases} -1, & \text{若 } X \text{ 是奇数} \\ 1, & \text{若 } X \text{ 是偶数} \end{cases}, \text{求随机变量 } Y \text{ 的分布律.}$$

解　$P(Y = -1) = \displaystyle\sum_{k=0}^{\infty} P(X = 2k + 1) = \sum_{k=0}^{\infty} \frac{1}{2^{2k+1}} = \frac{2}{3}$,

$$P(Y = 1) = \sum_{k=0}^{\infty} P(X = 2k) = \sum_{k=0}^{\infty} \frac{1}{2^{2k}} = \frac{1}{3}.$$

所以,随机变量 Y 的分布律为：

Y	-1	1
P	$\dfrac{2}{3}$	$\dfrac{1}{3}$

总结上述解题过程,大致如下：

若随机变量 X 的分布律为 $P(X = x_k) = p_k, k = 1, 2, \cdots$,则求 $Y = g(X)$ 的分布律的步骤如下：

(1) 求出 $Y = g(X)$ 的所有不同的可能值 $y_i, i = 1, 2, \cdots$;

(2) 计算概率

$$P(Y = y_i) = P(X \in D_i) = \sum_{x_k \in D_i} P(X = x_k) = \sum_{x_k \in D_i} p_k,$$

其中 $D_i = \{ x_i \mid g(x_i) = y_i \}$;

(3) 写出 $Y = g(X)$ 的分布律 $P(Y = y_i) = \displaystyle\sum_{x_k \in D_i} p_k, i = 1, 2, \cdots$.

2.6.2　连续型随机变量函数的分布

一般来说,若 X 是连续型随机变量,则 X 的连续函数 $Y = g(X)$ 也是一个连续型随机变量. 若已知 X 的概率密度为 $f_X(x)$,通常可按下述方法(一般称为**分布函数法**),求出 $Y = g(X)$ 的概率密度 $f_Y(y)$:

(1) 先求 X 的值域 Ω_X,确定 $Y = g(X)$ 的值域 Ω_Y;

(2) 对于任意的 $y \in \Omega_Y$,求出 Y 的分布函数：

$$F_Y(y) = P(Y \leqslant y) = P(g(X) \leqslant y) = P(X \in G_y) = \int_{G_y} f_X(x) \mathrm{d}x,$$

$$G_y = \{ x \mid g(x) \leqslant y \};$$

(3) 写出 $F_Y(y)$ 在 $(-\infty, +\infty)$ 上的表达式;

(4) 求导可得 $f_Y(y) = F'_Y(y)$.

例 2.6.3 已知 $X \sim N(0,1)$,试求 $Y = e^X$ 的概率密度 $f_Y(y)$.

解 (1) 由 X 的值域 $\Omega_X = (-\infty, +\infty)$,可确定 $Y = e^X$ 的值域 $\Omega_Y = (0, +\infty)$;

(2) 对任意的 $y \in \Omega_Y = (0, +\infty)$,$Y$ 的分布函数

$$F_Y(y) = P(Y \leqslant y) = P(e^X \leqslant y) = P(X \leqslant \ln y) = \int_{-\infty}^{\ln y} \frac{1}{\sqrt{2\pi}} e^{-\frac{x^2}{2}} dx,$$

而当 $y \leqslant 0$ 时,显然 $F_Y(y) = P(Y \leqslant y) = P(\varnothing) = 0$;

(3) 所以,$F_Y(y) = \begin{cases} 0, & y \leqslant 0 \\ \int_{-\infty}^{\ln y} \dfrac{1}{\sqrt{2\pi}} e^{-\frac{x^2}{2}} dx, & y > 0 \end{cases}$;

(4) 求导可得 $f_Y(y) = F'_Y(y) = \begin{cases} 0, & y \leqslant 0 \\ \dfrac{1}{\sqrt{2\pi}} e^{-\frac{\ln^2 y}{2}} \cdot \dfrac{1}{y}, & y > 0 \end{cases}$.

例 2.6.4 设 X 服从区间 $(0, \pi)$ 上的均匀分布,试求 $Y = \sin X$ 的概率密度 $f_Y(y)$.

解 (1) 由 X 的值域 $\Omega_X = (0, \pi)$,可确定 $Y = \sin X$ 的值域 $\Omega_Y = (0, 1]$.

(2) 当 $y \in (0, 1]$ 时,Y 的分布函数

$$\begin{aligned} F_Y(y) &= P(Y \leqslant y) = P(\sin X \leqslant y) \\ &= P(X \in (0, \arcsin y] \cup [\pi - \arcsin y, \pi)) \\ &= \int_0^{\arcsin y} \frac{1}{\pi} dx + \int_{\pi - \arcsin y}^{\pi} \frac{1}{\pi} dx = \frac{2}{\pi} \arcsin y. \end{aligned}$$

显然,当 $y \leqslant 0$ 时,$F_Y(y) = 0$;当 $y \geqslant 1$ 时,$F_Y(y) = 1$.

(3) 综上可得,$F_Y(y) = \begin{cases} 0, & y \leqslant 0 \\ \dfrac{2}{\pi} \arcsin y, & 0 < y \leqslant 1. \\ 1, & y > 1 \end{cases}$

(4) 从而,Y 的概率密度 $f_Y(y) = F'_Y(y) = \begin{cases} \dfrac{2}{\pi} \dfrac{1}{\sqrt{1 - y^2}}, & 0 < y < 1 \\ 0, & \text{其他} \end{cases}$.

另外,我们再介绍一种求连续型随机变量函数的分布的方法,称为**公式法**.

若已知 X 的概率密度为 $f(x)$,$Y = g(X)$ 是 X 的函数,当 $y = g(x)$ 是一个处处可导的单调函数时,按照上述方法(分布函数法),我们不难推导出 $Y = g(X)$ 的概率密度 $f_Y(y)$ 的表达式:

$$f_Y(y) = \begin{cases} f(h(y)) |h'(y)|, & y \in \Omega_Y \\ 0, & y \notin \Omega_Y \end{cases}. \tag{2.6.1}$$

其中,$x = h(y)$ 是 $y = g(x)$ 的反函数,Ω_Y 是 $Y = g(X)$ 的值域.

今后,只要 $y = g(x)$ 是单调函数,通常使用公式(2.6.1)来求 $Y = g(X)$ 的分布.

例如,在例 2.6.3 中,$y = e^x$ 是单调函数,其反函数 $x = \ln y$,($y > 0$),而 $X \sim N(0,1)$,其概率密度 $f(x) = \dfrac{1}{\sqrt{2\pi}} e^{-\frac{x^2}{2}}$,易见 $Y = e^X$ 的值域 $\Omega_Y = (0, +\infty)$.因此,由公式(2.6.1)立即可得 Y 的概率密度为

$$f_Y(y) = F'_Y(y) = \begin{cases} 0, & y \leqslant 0 \\ \dfrac{1}{\sqrt{2\pi}} e^{-\frac{\ln^2 y}{2}} \cdot \dfrac{1}{y}, & y > 0 \end{cases}.$$

注:尽管一般来说,公式(2.6.1)仅适用于 $y = g(x)$ 是单调函数的情况,但是对于非单调函数 $y = g(x)$,只要 $y = g(x)$ 是分段单调的,仍可利用公式法处理.$Y = g(X)$ 的定义域 Ω_X 可划分为两段 Ω'_X 及 Ω''_X,使 $y = g(x)$ 在 Ω'_X 及 Ω''_X 之内分别是单调的[比如 $y = x^2$ 不是单调的,但在 $(-\infty, 0)$ 及 $(0, +\infty)$ 内 $y = x^2$ 都是单调的],设 $y = g(x)$ 在 Ω'_X 内的反函数为 $x = h_1(y)$,在 Ω''_X 内的反函数为 $x = h_2(y)$,则 $Y = g(X)$ 的概率密度

$$f_Y(y) = \begin{cases} f(h_1(y)) \mid h'_1(y) \mid + f(h_2(y)) \mid h'_2(y) \mid, & y \in \Omega_Y \\ 0, & y \notin \Omega_Y \end{cases}. \tag{2.6.2}$$

例如,在例 2.6.4 中,$y = \sin x$ 不是单调函数,但 $\Omega_X = (0, \pi)$ 可划分为两个区间,$\Omega'_X = \left(0, \dfrac{\pi}{2}\right)$ 及 $\Omega''_X = \left[\dfrac{\pi}{2}, \pi\right)$,$y = \sin x$ 在 $\left(0, \dfrac{\pi}{2}\right)$ 及 $\left[\dfrac{\pi}{2}, \pi\right)$ 内分别是单调的,其反函数为 $x = \arcsin y$ 及 $x = \pi - \arcsin y$,于是可得 $Y = \sin X$ 的概率密度为

$$f_Y(y) = \begin{cases} \dfrac{1}{\pi}\left[\mid (\arcsin y)' \mid + \mid (\pi - \arcsin y)' \mid\right], & 0 < y < 1 \\ 0, & \text{其他} \end{cases}$$

$$= \begin{cases} \dfrac{2}{\pi} \dfrac{1}{\sqrt{1 - y^2}}, & 0 < y < 1 \\ 0, & \text{其他} \end{cases}.$$

例 2.6.5　已知 $X \sim N(0,1)$,求 $Y = X^2$ 的概率密度.

解　$X \sim \varphi(x) = \dfrac{1}{\sqrt{2\pi}} e^{-\frac{x^2}{2}}$,$-\infty < x < +\infty$,

(1) 当 $y \leqslant 0$ 时,$F_Y(y) = 0$;

(2) 当 $y > 0$ 时,

$$F_Y(y) = P(Y \leqslant y) = P(-\sqrt{y} \leqslant X \leqslant \sqrt{y}) = \int_{-\sqrt{y}}^{\sqrt{y}} \varphi(x) \mathrm{d}x$$

$$= \dfrac{1}{\sqrt{2\pi}} \int_{-\sqrt{y}}^{\sqrt{y}} e^{-\frac{x^2}{2}} \mathrm{d}x,$$

所以，

$$f_Y(y) = F'(y) = \begin{cases} \dfrac{1}{\sqrt{2\pi y}}e^{-\frac{y}{2}}, & y > 0 \\ 0, & y \leqslant 0 \end{cases}.$$

例 2.6.6 设 $X \sim f_X(x) = \begin{cases} \dfrac{x}{8}, & 0 < x < 4 \\ 0, & \text{其他} \end{cases}$，求随机变量 $Y = 2X + 8$

的概率密度函数 $f_Y(y)$.

解 方法一（公式法）：由 $y = 2x + 8$ 解得 $x = h(y) = \dfrac{(y-8)}{2}$，$y \in$

$(8,16)$，而 $h'(y) = \dfrac{1}{2}$. 所以，根据公式(2.6.1)得随机变量 Y 的概率密度：

$$f_Y(y) = \begin{cases} \dfrac{y-8}{32}, & 8 < y < 16 \\ 0, & \text{其他} \end{cases}.$$

方法二（分布函数法）：$F_Y(y) = P(Y \leqslant y) = P(2X + 8 \leqslant y) = P\left(X \leqslant \dfrac{y-8}{2}\right).$

当 $\dfrac{y-8}{2} \leqslant 0$，即 $y \leqslant 8$ 时，$F_Y(y) = 0$；

当 $0 < \dfrac{y-8}{2} < 4$，即 $8 < y < 16$ 时，

$$F_Y(y) = P\left(X \leqslant \dfrac{y-8}{2}\right) = \int_{-\infty}^{\frac{y-8}{2}} f(x)\mathrm{d}x = \int_0^{\frac{y-8}{2}} \dfrac{x}{8}\mathrm{d}x = \dfrac{(y-8)^2}{64};$$

当 $\dfrac{y-8}{2} \geqslant 4$，即 $y \geqslant 16$ 时，$F_Y(y) = 1$.

所以 $f_Y(y) = F_Y'(y) = \begin{cases} \dfrac{y-8}{32}, & 8 < y < 16 \\ 0, & \text{其他} \end{cases}.$

定理 2.6.1 若随机变量 $X \sim N(\mu, \sigma^2)$，$Y = kX + b(k \neq 0)$，则 $Y \sim$ $N(k\mu + b, k^2\sigma^2)$，即服从正态分布的随机变量的线性函数仍服从正态分布.

证明 这里 $y = kx + b(k \neq 0)$ 是单调函数，其反函数为 $x = \dfrac{y-b}{k}$，

$Y = kX + b$ 的值域 $\Omega_Y = (-\infty, +\infty)$，$X$ 的概率密度 $f(x) = \dfrac{1}{\sqrt{2\pi}\sigma}e^{-\frac{(x-\mu)^2}{2\sigma^2}}$，

$-\infty < x < +\infty$，由公式(2.6.1)可得 $Y = kX + b$ 的概率密度

$$f_Y(y) = \dfrac{1}{\sqrt{2\pi}\sigma}e^{-\frac{\left(\frac{y-b}{k}-\mu\right)^2}{2\sigma^2}} \cdot \dfrac{1}{k} = \dfrac{1}{\sqrt{2\pi}|k|\sigma}e^{-\frac{(y-k\mu-b)^2}{2k^2\sigma^2}}, \quad -\infty < y + \infty,$$

即
$$Y \sim N(k\mu + b, k^2\sigma^2).$$

第2章习题

1. 离散型随机变量 X 的分布律为 $P(X=k)=A\lambda^k, k=1,2,\cdots$ 的充要条件是 （　　）

A. $\lambda=(1+A)^{-1}$ 且 $A>0$ 　　　　B. $A=1-\lambda$ 且 $0<\lambda<1$

C. $A=\lambda^{-1}-1$ 且 $\lambda<1$ 　　　　D. $A>0$ 且 $0<\lambda<1$

2. 某人射击中靶的概率为 0.75. 若射击直到中靶为止,则射击次数为 3 的概率为 （　　）

A. $(0.75)^3$ 　　B. $0.75(0.25)^2$ 　　C. $0.25(0.75)^2$ 　　D. $(0.25)^3$

3. (2007年2+2)随机变量 ξ 服从参数为 $(2,p)$ 的二项分布,随机变量 η 服从参数为 $(3,p)$ 的二项分布,且 $P(\eta\geqslant 1)=\dfrac{19}{27}$,则 $P(\xi\geqslant 1)=$ （　　）

A. $\dfrac{4}{9}$ 　　　　B. $\dfrac{5}{9}$ 　　　　C. $\dfrac{1}{3}$ 　　　　D. $\dfrac{2}{3}$

4. (2009年2+2)某单位电话总机在长度为 t（小时）的时间间隔内,收到呼叫的次数服从参数为 $\dfrac{t}{3}$ 的泊松分布,而与时间间隔的起点无关,则在一天 24 小时内至少接到 1 次呼叫的概率为 （　　）

A. e^{-1} 　　　　B. $1-\mathrm{e}^{-4}$ 　　　　C. e^{-8} 　　　　D. $1-\mathrm{e}^{-8}$

5. 离散型随机变量 X 的分布函数为 $F(x)$,则 $P(X=x_k)=$ （　　）

A. $P(x_{k-1}\leqslant X\leqslant x_k)$ 　　　　B. $F(x_{k+1})-F(x_{k-1})$

C. $P(x_{k-1}<X<x_{k+1})$ 　　　　D. $F(x_k)-F(x_{k-1})$

6. (2010年考研数学)设随机变量 X 的分布函数为

$$F(x)=\begin{cases} 0, & x<0 \\ \dfrac{1}{2}, & 0\leqslant x<1 \\ 1-\mathrm{e}^{-x}, & x\geqslant 1 \end{cases},\text{则 } P(X=1)=$$ （　　）

A. 0 　　　　B. $\dfrac{1}{2}$ 　　　　C. $\dfrac{1}{2}-\mathrm{e}^{-1}$ 　　　　D. $1-\mathrm{e}^{-1}$

7. 下列各函数中可以作为某个随机变量 X 的分布函数的是 （　　）

A. $F(x)=\sin x$ 　　　　B. $F(x)=\dfrac{1}{1+x^2}$

C. $F(x)=\begin{cases} \dfrac{1}{1+x^2}, & x\leqslant 0 \\ 1, & x>0 \end{cases}$ 　　　　D. $F(x)=\begin{cases} 0, & x<0 \\ 1.1, & 0\leqslant x\leqslant 1 \\ 1, & x>1 \end{cases}$

8. (2007 年 2+2) 随机变量 ξ 的概率密度为 $f(x) = \begin{cases} \dfrac{1}{3}, & x \in [1,2] \\ \dfrac{2}{9}, & x \in [5,8] \\ 0, & \text{其他} \end{cases}$,若

$P(\xi \leqslant a) = \dfrac{2}{3}$,则 $a =$ ( )

A. 4.2　　　　　B. 5.4　　　　　C. 6.5　　　　　D. 7.6

9. (2007 年 2+2) 设随机变量 X 的概率密度为

$$f(x) = \begin{cases} \dfrac{1}{2}\cos\dfrac{x}{2}, & 0 \leqslant x \leqslant \pi, \\ 0, & \text{其他} \end{cases}$$

对 X 独立地重复观察 4 次,用 Y 表示观察值大于 $\dfrac{\pi}{3}$ 的次数,则 $P(Y = 2) =$

( )

A. $\dfrac{1}{2}$　　　　B. $\dfrac{1}{8}$　　　　C. $\dfrac{5}{8}$　　　　D. $\dfrac{3}{8}$

10. (2008 年 2+2) 若 X 的概率密度函数为 $f(x) = \begin{cases} a\cos x, & \dfrac{-\pi}{2} \leqslant x \leqslant \dfrac{\pi}{2}, \\ 0, & \text{其他} \end{cases}$,

则系数 $a =$ ( )

A. 1　　　　　B. $\dfrac{1}{4}$　　　　　C. $\dfrac{2}{3}$　　　　　D. $\dfrac{1}{2}$

11. 设随机变量 X 的概率密度和分布函数分别为 $f(x)$ 和 $F(x)$,且 $f(x)$ 为偶函数,则对任意实数 a,有 ( )

A. $F(-a) = \dfrac{1}{2} - \displaystyle\int_0^a f(x)\mathrm{d}x$　　　　B. $F(-a) = 1 - \displaystyle\int_0^a f(x)\mathrm{d}x$

C. $F(-a) = F(a)$　　　　D. $F(-a) = 2F(a) - 1$

12. (2010 年考研数学) 设 $f_1(x)$ 是标准正态分布的密度函数,$f_2(x)$ 是 $[-1,3]$ 上均匀分布的密度函数,且 $f(x) = \begin{cases} af_1(x), & x \leqslant 0 \\ bf_2(x), & x > 0 \end{cases}$ $(a > 0, b > 0)$

为概率密度,则 a, b 满足 ( )

A. $2a + 3b = 4$　　　　　　B. $3a + 2b = 4$

C. $a + b = 1$　　　　　　D. $a + b = 2$

13. (2006 年考研数学) 随机变量 $X \sim N(\mu_1, \sigma_1{}^2)$,$Y \sim N(\mu_2, \sigma_2{}^2)$,且 $P(|X - \mu_1| < 1) < P(|Y - \mu_2| < 1)$,则 ( )

A. $\sigma_1 < \sigma_2$　　　　　　B. $\sigma_1 > \sigma_2$

C. $\mu_1 < \mu_2$　　　　　　D. $\mu_1 > \mu_2$

14. 已知随机变量 X 和 Y 都服从正态分布：$X \sim N(\mu, 4^2)$，$Y \sim N(\mu, 3^2)$. 设 $p_1 = P(X \geqslant \mu + 4)$，$p_2 = P(Y \leqslant \mu - 3)$，则　　　　　（　　）

A. 只对 μ 的某些值，有 $p_1 = p_2$ 　　　B. 对任意实数 μ，有 $p_1 < p_2$

C. 对任意实数 μ，有 $p_1 > p_2$ 　　　D. 对任意实数 μ，有 $p_1 = p_2$

15. （2004 年考研数学）设随机变量 X 服从正态分布 $N(0,1)$，对给定的 $\alpha \in (0,1)$，数 Z_α 满足 $P(X > Z_\alpha) = \alpha$，若 $P(|X| < x) = \alpha$，则 x 等于　　（　　）

A. $Z_{\frac{\alpha}{2}}$ 　　　　B. $Z_{1-\frac{\alpha}{2}}$ 　　　　C. $Z_{\frac{1-\alpha}{2}}$ 　　　　D. $Z_{1-\alpha}$

16. 已知随机变量 X 的分布函数为 $F(x)$，则 $Y = 3X$ 的分布函数为　（　　）

A. $3F(y)$ 　　　　B. $\frac{1}{3}F(y)$ 　　　　C. $F(3y)$ 　　　　D. $F\left(\dfrac{y}{3}\right)$

17. 已知 X 的分布律为 $P(X = n) = c, n = 1, 2, 3, \cdots, 10$，则 $c =$ _____.

18. 已知 X 的分布律为 $P(X = n) = \dfrac{c \cdot \lambda^n}{n!}, n = 0, 1, 2, \cdots$，则 $c =$ _____.

19. 已知 $X \sim B\left(n, \dfrac{1}{4}\right)$，且 $P(X = 3) = P(X = 4)$，则 $n =$ _____.

20. 已知随机变量 $X \sim N(3, \sigma^2)$，且 $P(3 < X \leqslant 7) = 0.4$，则 $P(X < -1) =$ _____.

21. （2001 年考研数学）随机变量 X 的概率密度为 $f(x) = \begin{cases} \dfrac{1}{3}, & 0 \leqslant x < 1 \\ \dfrac{2}{9}, & 3 \leqslant x < 6 \\ 0, & \text{其他} \end{cases}$，

又 $P(X \geqslant k) = \dfrac{2}{3}$，则 k 的取值范围为 _____.

22. （2002 年考研数学）已知随机变量 $X \sim N(\mu, \sigma^2)$，且关于未知数 y 的一元二次方程 $y^2 + 4y + X = 0$ 无实根的概率为 $\dfrac{1}{2}$，则 $\mu =$ _____.

23. 设随机变量 X 服从 $(-2, 2)$ 上的均匀分布，则随机变量 $Y = X^2$ 的概率密度函数为 $f_Y(y) =$ _____.

24. 设连续随机变量 X 的概率密度为 $f_X(x)$，则 $Y = 3\mathrm{e}^X$ 的概率密度函数为 $f_Y(y) =$ _____.

25. （2006 年 2+2）设 $f_\xi(x)$ 是随机变量 ξ 的概率密度函数，则随机变量 $\eta = \sqrt{\xi}$ 的概率密度函数 $f_\eta(y) =$ _____.

━━━━━━━━━━━━━━━━━━ **B　组** ━━━━━━━━━━━━━━━━━━

1. 一袋中装有 5 只球，编号为 1,2,3,4,5，从袋中同时任意取出 3 只，以 X 表示取出的 3 只球的最大号码，写出随机变量 X 的分布律.

2. 设在 15 只同类型的零件中有 2 只次品,在其中取 3 次,每次任取 1 只,作不放回抽样,以 X 表示取出次品的只数,求 X 的分布律.

3. 一批产品包括 10 件正品和 3 件次品,有放回地抽取,每次一件,直到取到正品为止. 假定每件产品被取到的机会相同,求抽取次数 X 的分布律.

4. 设 $X \sim P(\lambda)$,且 $P(X = 0) = \dfrac{1}{2}$,求 λ 的值.

5. 已知随机变量 $X \sim B(2, p)$,$Y \sim B(3, p)$,且 $P(X \geqslant 1) = \dfrac{5}{9}$,请计算概率 $P(Y \geqslant 1)$.

6. 设一事件 A 在每次试验中发生的概率均为 0.3,当 A 发生不少于 3 次时,指示灯发出信号.若进行 5 次独立试验,求指示灯发出信号的概率.

7. 设某厂产品的次品率为 0.001. 现任抽 5000 件,求至少有 2 件次品的概率(用泊松近似公式求解).

8. 已知随机变量 X 的分布律如下所示:

X	-1	1	2
P	0.3	0.5	0.2

(1) 求 X 的分布函数 $F(x)$,并画出 $F(x)$ 的图形;

(2) 求 $P(X < 2)$,$P\left(0 < X \leqslant \dfrac{3}{2}\right)$.

9. 在区间 $[0, a]$ 上任意投掷一个质点,以 X 表示这个质点的坐标. 设这个质点落在 $[0, a]$ 中任意小区间内的概率与这个小区间的长度成正比. 试求 X 的分布函数.

10. 已知随机变量 X 的概率密度为 $f(x) = \begin{cases} x, & 0 \leqslant x < 1 \\ A - x, & 1 \leqslant x < 2. \\ 0, & \text{其他} \end{cases}$ 求:

(1) A 的值;(2) 分布函数 $F(x)$;(3) $P\left(\dfrac{1}{2} < X \leqslant \dfrac{3}{2}\right)$.

11. 已知连续型随机变量 X 的概率密度函数为 $f(x) = \begin{cases} ax + b, & 1 < x < 3 \\ 0, & \text{其他} \end{cases}$,且 $P(2 < X < 3) = 2P(-1 < X < 2)$,试求常数 a 及 b 的值.

12. 设连续型随机变量的分布函数为 $F(x) = \begin{cases} 0, & x < 0 \\ Ax^2, & 0 \leqslant x < 1 \\ 1, & x \geqslant 1 \end{cases}$,求:

(1) 系数 A;(2) $P(0.3 < X < 0.7)$;(3) $P(X < 0.5 \mid 0.3 < X < 0.7)$;(4) 概率密度函数 $f(x)$.

13. 设随机变量 X 的分布函数为 $F(x) = \begin{cases} 0, & x < 1 \\ \ln x, & 1 \leqslant x < e, \\ 1, & x \geqslant e \end{cases}$ 求：

(1) $P(X < 2), P(0 < X \leqslant 3), P\left(2 < X < \dfrac{5}{2}\right)$；

(2) 概率密度 $f(x)$.

14. （2006 年 2＋2）设随机变量 X 的概率密度函数为

$$f(x) = \begin{cases} \dfrac{A}{\sqrt{1 - x^2}}, & 0 < x < 1 \\ 0, & \text{其他} \end{cases},$$

求：(1) 常数 A；(2) $P\left(-\dfrac{1}{2} < X < \dfrac{1}{2}\right)$；(3) X 的分布函数 $F(x)$.

15. （2007 年 2＋2）设连续型随机变量 X 的分布函数为

$$F(x) = \begin{cases} 0, & x \leqslant -a \\ A + B \arcsin \dfrac{x}{a}, & -a < x < a, \\ 1, & x \geqslant a \end{cases}$$

其中 $a > 0$. 求：(1) A 和 B；(2) 概率密度 $f(x)$；(3) $P(X > 0)$.

16. （2007 年 2＋2）某甲驾车从 A 地通过高速公路到 B 地，在 A 地的高速入口处的等待时间 ξ（单位：分钟）为一随机变量，其概率密度是

$f(x) = \begin{cases} \dfrac{1}{10} e^{-\frac{x}{10}}, & x > 0 \\ 0, & x \leqslant 0 \end{cases}$. 若甲在 A 地高速入口处的等待时间超过 10 分钟，

则返回不再去 B 地. 现甲已有 4 次到达高速入口处，以 η 表示甲到达 B 地的次数，求 η 的分布律.

17. 某种型号元器件的寿命（以小时计）具有的概率密度为

$f(x) = \begin{cases} \dfrac{1000}{x^2}, & x > 1000 \\ 0, & \text{其他} \end{cases}$，现有一大批此种元器件（设各元器件损坏与否相

互独立），任取 5 只，问其中至少有 2 只寿命大于 1500 小时的概率是多少？

18. （2005 年 2＋2）设随机变量 ξ 的密度函数为 $f(x) = \begin{cases} ax^2, & 0 < x < 1 \\ 0, & \text{其他} \end{cases}$，

求：(1) 常数 a；(2) ξ^2 的概率密度函数；(3) 概率值 $P(\eta = 2)$，其中 η 表示对 ξ 的三次独立重复观察中事件 $\left(\xi \leqslant \dfrac{1}{2}\right)$ 出现的次数.

19. 设随机变量 $X \sim U(0, 5)$，求关于 t 的方程 $4t^2 + 4Xt + X + 2 = 0$ 有实根的概率.

20. 设随机变量 $X \sim U(1,4)$,现对 X 进行三次独立试验,求至少有两次的试验值大于 2 的概率.

21. 设随机变量 $X \sim E(\lambda)$,求 $P\left(X \leqslant \dfrac{1}{\lambda}\right)$.

22. 设随机变量 $X \sim E(2)$,且 $P(X \geqslant C) = \dfrac{1}{2}$,求常数 C.

23. 设某仪器装有三只独立的同型号电子元件,其寿命(小时)$X \sim E\left(\dfrac{1}{600}\right)$. 在仪器使用的最初 200 小时内,试求:(1) 恰有一件损坏的概率;(2) 至少有一件损坏的概率;(3) 最多有一件损坏的概率.

24. 设随机变量 $X \sim N(0,4^2)$,求:(1) $P(X \leqslant 0)$;(2) $P(X > 10)$;(3) $P(\mid X - 10 \mid < 4)$;(4) $P(\mid X \mid < 12)$.

25. 设随机变量 $X \sim N(3,2^2)$,求:(1) a 为何值时,才有 $P(\mid X - a \mid < a) = 0.1$;(2) $P(\mid X \mid > 2)$.

26. 设某批工件的长度 $X \sim N(10,0.02^2)$,按规定长度在 $[9.95,10.05]$ 范围内的工件为合格品. 今从这批工件中任取三个,试求恰好有两个合格品的概率.

27. 已知随机变量 $X \sim N(160,\sigma^2)$,且 $P(120 < X < 200) = 0.8$,求 σ 的值.

28. 设随机变量 $X \sim N(\mu,4^2)$,$Y \sim N(\mu,5^2)$,若记 $p_1 = P(X < \mu - 4)$,$p_2 = P(Y \geqslant \mu + 5)$,试比较 p_1 和 p_2 的大小.

29. 设公共汽车车门的高度 h 是按男子与车门顶碰头的机会在 1% 以下来设计的. 若已知男子的身高 $X(\text{cm}) \sim N(170,6^2)$,试问车门的高度 h 应如何设计?

30. 设某班考试成绩(分)$X \sim N(72,\sigma^2)$,且已知 $P(X \geqslant 96) = 0.02$,试求 $P(60 \leqslant X \leqslant 84)$.

31. 在电源电压不超过 200V,$200 \sim 240\text{V}$ 和超过 240V 三种情况下,某电子元件损坏的概率分别为 $0.1,0.001$ 和 0.2,设电源电压 $X \sim N(220,20^2)$,试求:

(1) 该电子元件损坏的概率;

(2) 若已知电子元件已损坏,电压恰在 $200 \sim 240\text{V}$ 的概率.

32. 设随机变量 X 的分布律为:

X	-2	-1	0	1	3
P	1/5	1/2	1/5	1/15	1/30

求 $Y = X^2$ 的分布律.

33. 设随机变量 X 的分布律为：

X	0	$\dfrac{\pi}{2}$	π
P	1/4	1/2	1/4

求：(1) $\cos X$ 的分布律；(2) $\sin X$ 的分布律.

34. 设随机变量 $X \sim U(0,1)$，求 $Y = 2X + 1$ 的概率密度.

35. 设随机变量 $X \sim N(0,1)$. 求：(1) $Y = \mathrm{e}^X$ 的概率密度；(2) $Z = |X|$ 的概率密度.

36.（2003 年考研数学）设随机变量 X 的概率密度为

$$f(x) = \begin{cases} \dfrac{1}{3\sqrt[3]{x^2}}, & 1 < x < 8, \\ 0, & 其他 \end{cases},$$

$F(x)$ 为 X 的分布函数，求 $Y = F(X)$ 的分布函数.

第3章　二维随机变量及其分布

在上一章,我们讨论了一个随机变量及其分布,但在实际应用中某些随机现象的结果仅用一个随机变量往往已不能确切描述,需要引入一对或更多个随机变量来描述该类随机现象.例如,为了研究某阶段人群的身高与体重,我们当然可以用上一章提供的方法逐个去研究它们.然而,发掘身高与体重之间的关系显然是有意义的课题.因此有必要把它们作为一个整体来考虑,这就必须引入二维随机变量.同样,在研究地震时,要记录地震发生的位置,即经度、纬度、深度,以及描述地震强度的指标——烈度,这就需要同时研究四个随机变量.

本章主要讨论二维随机变量及其分布(包括离散型和连续型)、随机变量的独立性、二维随机变量的函数的分布.二维以上的随机变量可参考二维情形类似进行,本章不作讨论.

§3.1　二维随机变量及其联合分布函数

3.1.1　二维随机变量的概念

定义 3.1.1　设 Ω 为某试验的样本空间,X 和 Y 是定义在 Ω 上的两个随机变量,则称有序随机变量对 (X,Y) 为**二维随机变量**(或称**二维随机向量**),并称 X 和 Y 是二维随机变量 (X,Y) 的**两个分量**.

注:实际上,二维随机变量就是定义在同一样本空间上的一对有序的随机变量.

例 3.1.1　一颗质地均匀的骰子独立地掷两次,用 X 表示第一次掷出的点数,Y 表示第二次掷出的点数,则 (X,Y) 就是一个二维随机变量.

注:(1) 从几何上看,一维随机变量可视为直线上的"随机点",二维随机变量可视为平面上的"随机点",即二维随机变量 (X,Y) 的取值,可看成是平面上随机点的坐标.

(2) 我们之所以要把两个随机变量 X,Y 作为一个整体加以研究,而不只是分别研究两个一维随机变量 X 与 Y,一个重要的原因在于探索 X 和 Y 两者之间的关系.

我们在第二章研究一个随机变量 X 的分布时,引入了分布函数 $F_X(x) = P(X \leqslant x)$,用统一的形式将离散型随机变量和连续型随机变量的相关分布规律表示出来.对二维随机变量,我们类似引入联合分布函数的概念.

3.1.2　二维随机变量的联合分布函数

定义 3.1.2　设 (X,Y) 是二维随机变量,则定义在整个实平面上的二元函数 $F(x,y) = P(X \leqslant x, Y \leqslant y)$,$(x,y) \in R^2$,称为 (X,Y) 的**联合分布函数**,简称**分布函数**.

注:$(X \leqslant x, Y \leqslant y)$ 表示 $(X \leqslant x) \bigcap (Y \leqslant y)$,即两事件的积事件.

3.1.3　联合分布函数的性质

1. 几何意义:如果二维随机变量 (X,Y) 的取值表示直角坐标平面上点的坐标,那么分布函数 $F(x,y) = P(X \leqslant x, Y \leqslant y)$ 就表示 (X,Y) 取值落在以 (x,y) 为顶点的左下方的概率(如图 3-1 阴影部分上的概率).

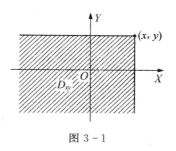

图 3-1

2. $F(x,y)$ 是变量 x,y 的不减函数,即对于任意固定的 y,当 $x_1 < x_2$ 时,$F(x_1,y) \leqslant F(x_2,y)$;对于任意固定的 x,当 $y_1 < y_2$ 时,$F(x,y_1) \leqslant F(x,y_2)$.

3. $F(x,y)$ 对于 x,y 都是右连续的,即有:$F(x,y) = F(x+0,y)$,$F(x,y) = F(x,y+0)$.

4. 相容性:(X,Y) 落入任一矩形区域 $\{(x,y) \mid x_1 < x \leqslant x_2, y_1 < y \leqslant y_2\}$ 中的概率,可由概率的加法性质求得:

$$P(x_1 < X \leqslant x_2, y_1 < Y \leqslant y_2)$$
$$= F(x_2,y_2) - F(x_2,y_1) - F(x_1,y_2) + F(x_1,y_1)$$
$$\geqslant 0.$$

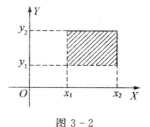

图 3-2

几何直观图示见图 3-2.

5. $F(x,y)$ 的值域为 $0 \leqslant F(x,y) \leqslant 1$,并且:

① 对任意固定的 y,$F(-\infty, y) = 0$;对任意固定的 x,$F(x, -\infty) = 0$.

② $F(-\infty, -\infty) = 0$,$F(+\infty, +\infty) = 1$.

③ $F(x, +\infty) = P(X \leqslant x) = F_X(x)$,是一维分布函数,称为二维随机变量 (X,Y) 关于 X 的**边缘分布函数**(即 X 的分布函数).

④ $F(+\infty, y) = P(Y \leqslant y) = F_Y(y)$,是一维分布函数,称为二维随机变量

(X,Y) 关于 Y 的**边缘分布函数**(即 Y 的分布函数).

其中性质 1,2,3 是显然的,性质 4 可由上述矩形域上的概率得到.反过来还可以证明,任意一个具有上述五个性质的二元函数必定可以作为某个二维随机变量的联合分布函数.因此,满足这五个条件的二元函数统称为二元联合分布函数.

注:性质 5 的 ③、④ 说明:若 $F(x,y)$ 已知,则可得到 X 和 Y 的各自的分布函数;但反之不可,因为一般情况下它还要依赖于 X 与 Y 之间的关系.

例 3.1.2 设 $F(x,y)=\begin{cases}0, & x+y<1\\1, & x+y\geqslant 1\end{cases}$,讨论 $F(x,y)$ 能否成为二维随机变量的分布函数.

解 考虑相容性,不妨计算 $F(2,2)-F(0,2)-F(2,0)+F(0,0)=1-1-1+0=-1<0$,故 $F(x,y)$ 不能作为任何二维随机变量的分布函数.

例 3.1.3 设随机变量 (X,Y) 的联合分布函数为

$$F(x,y)=A\left(B+\arctan\frac{x}{2}\right)\left(C+\arctan\frac{y}{3}\right),\ -\infty<x,y<+\infty,$$

其中 A,B,C 为常数.求:(1) A,B,C;(2) 两个边缘分布函数;(3) $P(X>2)$;(4) $P(X\leqslant 2,Y\leqslant 3)$.

解 (1) $\begin{cases}F(+\infty,+\infty)=A\left(B+\frac{\pi}{2}\right)\left(C+\frac{\pi}{2}\right)=1\\F(-\infty,+\infty)=A\left(B-\frac{\pi}{2}\right)\left(C+\frac{\pi}{2}\right)=0,\\F(+\infty,-\infty)=A\left(B+\frac{\pi}{2}\right)\left(C-\frac{\pi}{2}\right)=0\end{cases}$解得$\begin{cases}B=\frac{\pi}{2}\\C=\frac{\pi}{2}.\\A=\frac{1}{\pi^2}\end{cases}$

(2) $F_X(x)=F(x,+\infty)=\frac{1}{2}+\frac{1}{\pi}\arctan\frac{x}{2},\ -\infty<x<+\infty$;

$F_Y(y)=F(+\infty,y)=\frac{1}{2}+\frac{1}{\pi}\arctan\frac{y}{3},\ -\infty<y<+\infty.$

(3) $P(X>2)=1-P(X\leqslant 2)=1-F_X(2)=1-\left(\frac{1}{2}+\frac{1}{\pi}\arctan\frac{2}{2}\right)=\frac{1}{4}.$

(4) $P(X\leqslant 2,Y\leqslant 3)=F(2,3)=\frac{9}{16}.$

§3.2 二维离散型随机变量

3.2.1 二维离散型随机变量的联合分布律

定义 3.2.1 若二维随机变量 (X,Y) 中,X,Y 都是离散型随机变量,即 X,Y 所有可能取值均只有有限个或可列无穷多个,从而 (X,Y) 的所有可能取值

只有有限个或可列无穷多个,则称(X,Y)为**二维离散型随机变量**.

定义 3.2.2 设(X,Y)是二维离散型随机变量,$x_i,y_j(i,j=1,2,\cdots)$分别为随机变量X,Y的可能取值,称$P(X=x_i,Y=y_j)=p_{ij}(i,j=1,2,\cdots)$为二维离散型随机变量$(X,Y)$的**联合分布律**,也可简称为$(X,Y)$的**分布律**.

二维离散型随机变量(X,Y)的**联合分布律**也可用如下形式来表示:

X＼Y	y_1	y_2	$\cdots$	y_j	$\cdots$
x_1	p_{11}	p_{12}	$\cdots$	p_{1j}	$\cdots$
x_2	p_{21}	p_{22}	$\cdots$	p_{2j}	$\cdots$
$\cdots$	$\cdots$	$\cdots$	$\cdots$	$\cdots$	$\cdots$
x_i	p_{i1}	p_{i2}	$\cdots$	p_{ij}	$\cdots$
$\cdots$	$\cdots$	$\cdots$	$\cdots$	$\cdots$	$\cdots$

注:要想表示二维离散型随机变量(X,Y)的联合分布律,必须已知:

(1) (X,Y)所有的取值结果(即X,Y取值的所有组合结果);

(2) (X,Y)取每个取值的概率.

易见,联合分布律有如下性质:

(1) $p_{ij}\geqslant 0$;   (2) $\sum_i\sum_j p_{ij}=1$.

由二维离散型随机变量(X,Y)的联合分布律,可得(X,Y)的联合分布函数

$$F(x,y)=\sum_{i,j:\,x_i\leqslant x,y_j\leqslant y}p_{ij},$$

其中求和符号表示对满足$x_i\leqslant x$且$y_j\leqslant y$的那些(i,j)求和.

例 3.2.1 袋中装有四个球,每个球上编号分别是$1,2,2,3$. 今随机从中一次取一球,不放回地取两次,以X和Y分别记第一次和第二次所取球的编号,求(X,Y)的分布律.

解 X和Y分别可取$1,2,3$,

$p_{11}=P(X=1,Y=1)=0$,

$p_{12}=P(X=1,Y=2)=P(X=1)(Y=2\mid X=1)=\dfrac{1}{4}\cdot\dfrac{2}{3}=\dfrac{1}{6}$,

$p_{13}=P(X=1,Y=3)=P(X=1)P(Y=3\mid X=1)=\dfrac{1}{4}\cdot\dfrac{1}{3}=\dfrac{1}{12}$,

$\cdots$

类似依次计算其他各个概率,可得(X,Y)的分布律为:

Y \ X	1	2	3
1	0	$\frac{1}{6}$	$\frac{1}{12}$
2	$\frac{1}{6}$	$\frac{1}{6}$	$\frac{1}{6}$
3	$\frac{1}{12}$	$\frac{1}{6}$	0

显然上面的联合分布律满足 $p_{ij} \geqslant 0, i,j = 1,2,3, \sum_{i=1}^{3}\sum_{j=1}^{3}p_{ij} = 1$.

例 3.2.2 已知 (X,Y) 的分布律如下, 计算概率 $P(X+Y \leqslant 1)$.

X \ Y	0	1	2	3
-1	0	$\frac{1}{8}$	$\frac{1}{8}$	$\frac{1}{8}$
1	$\frac{1}{8}$	0	$\frac{1}{8}$	$\frac{1}{8}$
2	$\frac{1}{8}$	$\frac{1}{8}$	0	0

解 $P(X+Y \leqslant 1) = \sum_{x_i+y_j \leqslant 1} p_{ij}$

$= P(X=-1,Y=0) + P(X=-1,Y=1)$

$+ P(X=-1,Y=2) + P(X=1,Y=0)$

$= 0 + \frac{1}{8} + \frac{1}{8} + \frac{1}{8} = \frac{3}{8}$.

3.2.2 二维离散型随机变量的边缘分布律

定义 3.2.3 二维离散型随机变量 (X,Y) 中, 分量 X(或 Y) 的分布律称为 (X,Y) 关于 X(或 Y) 的**边缘分布律**, 即

$$P(X=x_i) = \sum_j P(X=x_i,Y=y_j) = \sum_j p_{ij}, i=1,2,3,\cdots;$$

$$P(Y=y_j) = \sum_i P(X=x_i,Y=y_j) = \sum_i p_{ij}, j=1,2,3,\cdots.$$

注: 通常, 将 $\sum_j p_{ij}$ 简记为 $p_{i\cdot}$, 即 $p_{i\cdot} = \sum_j p_{ij}$; 将 $\sum_i p_{ij}$ 简记为 $p_{\cdot j}$, 即 $p_{\cdot j} = \sum_i p_{ij}$.

由边缘分布律的定义易见,在联合概率分布表中边缘分布律与联合分布律有如下关系:联合分布律按行、列求和即为边缘分布律.

X \ Y	y_1	y_2	$\cdots$	y_j	$\cdots$	X 的边缘分布律
x_1	p_{11}	p_{12}	$\cdots$	p_{1j}	$\cdots$	$p_{1\cdot}$
x_2	p_{21}	p_{22}	$\cdots$	p_{2j}	$\cdots$	$p_{2\cdot}$
$\vdots$	$\vdots$	$\vdots$	$\cdots$	$\vdots$	$\cdots$	$\vdots$
x_i	p_{i1}	p_{i2}	$\cdots$	p_{ij}	$\cdots$	$p_{i\cdot}$
$\vdots$	$\vdots$	$\vdots$	$\cdots$	$\vdots$	$\cdots$	$\vdots$
Y 的边缘分布律	$p_{\cdot1}$	$p_{\cdot2}$	$\cdots$	$p_{\cdot j}$	$\cdots$	

3.2.3　二维离散型随机变量的条件分布律

定义 3.2.4　设(X,Y)是二维离散型随机变量,对于固定的 j,若 $P(Y=y_j)>0$,则 $P(X=x_i\mid Y=y_j)=\dfrac{p_{ij}}{p_{\cdot j}}, i=1,2,\cdots$,称为$(X,Y)$ 在 $Y=y_j$ 条件下 X 的**条件分布律**.

同理,对于固定的 i,若 $P(X=x_i)>0$,则 $P(Y=y_j\mid X=x_i)=\dfrac{p_{ij}}{p_{i\cdot}}, j=1,2,\cdots$,称为$(X,Y)$ 在 $X=x_i$ 条件下 Y 的**条件分布律**.

例 3.2.3　二维随机变量(X,Y)的联合分布律如下:

Y \ X	0	1	2
1	$\dfrac{1}{3}$	a	$\dfrac{1}{12}$
2	$\dfrac{1}{12}$	$\dfrac{1}{3}$	0

(1) 求常数 a;(2) 求 X、Y 的边缘分布律;(3) 求在 $Y=1$ 条件下 X 的条件分布律.

解　(1) 因为 $\dfrac{1}{3}+a+\dfrac{1}{12}+\dfrac{1}{12}+\dfrac{1}{3}+0=\dfrac{5}{6}+a=1$,所以 $a=\dfrac{1}{6}$.

(2) X 与 Y 的边缘分布律分别为:

X	0	1	2
P	$\frac{5}{12}$	$\frac{1}{2}$	$\frac{1}{12}$

Y	1	2
P	$\frac{7}{12}$	$\frac{5}{12}$

（3）在 $Y = 1$ 条件下 X 的条件分布律为：

X	0	1	2
$P(X \mid Y = 1)$	$\frac{1}{3} / \frac{7}{12} = \frac{4}{7}$	$\frac{1}{6} / \frac{7}{12} = \frac{2}{7}$	$\frac{1}{12} / \frac{7}{12} = \frac{1}{7}$

§3.3   二维连续型随机变量

与一维连续型随机变量类似,对于二维连续型随机变量(X,Y),我们仿照一维连续型随机变量的定义来定义,并引入联合概率密度函数来描述其概率分布.

3.3.1   联合概率密度函数

1. 联合概率密度函数的概念

定义 3.3.1   若存在一个非负二元函数 $f(x,y)$,使得二维随机变量(X,Y) 的联合分布函数 $F(x,y)$ 对于任意的实数 x,y 都有 $F(x,y) = \int_{-\infty}^{x} \int_{-\infty}^{y} f(u,v) \mathrm{d}v\mathrm{d}u$（广义二重积分）,则称$(X,Y)$ 是**二维连续型随机变量**,函数 $f(x,y)$ 称为(X,Y) 的**联合概率密度函数**(简称为**联合密度**),记为$(X,Y) \sim f(x,y)$.

注: 连续型二维随机变量不能用两个单独的连续型随机变量来定义.

2. 联合概率密度 $f(x,y)$ 的性质

（1）$f(x,y) \geqslant 0, \forall x,y \in R$;

（2）$\int_{-\infty}^{+\infty} \int_{-\infty}^{+\infty} f(x,y)\mathrm{d}x\mathrm{d}y = 1.$

反过来,任意一个具有上述两个性质的二元函数 $f(x,y)$,必定可以作为某个二维随机变量的密度函数.

此外,密度函数还应具有以下两个性质:

（1）对平面上任何区域 D(如图 3-3 所示),有

$$P((X,Y) \in D) = \iint\limits_{D} f(x,y)\mathrm{d}x\mathrm{d}y,$$

特别地,当区域 D 为矩形区域时,有

$$P(a < X \leqslant b, c < Y \leqslant d) = \int_{a}^{b} \int_{c}^{d} f(x,y)\mathrm{d}y\mathrm{d}x.$$

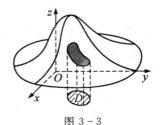

图 3-3

(2) 若 $f(x,y)$ 在点 (x,y) 连续,$F(x,y)$ 是相应的分布函数,则有

$$\frac{\partial^2 F(x,y)}{\partial x \partial y} = f(x,y).$$

例 3.3.1　设二维随机变量 (X,Y) 的联合概率密度为

$$f(x,y) = \begin{cases} A\mathrm{e}^{-(2x+y)}, & x>0, y>0, \\ 0, & \text{其他} \end{cases},$$

试求:(1) 常数 A;(2) $P(-1<X<1,-1<Y<1)$;(3) $P(X+Y \leqslant 1)$;
(4) (X,Y) 的联合分布函数 $F(x,y)$.

解　(1) 利用 $\int_{-\infty}^{+\infty}\int_{-\infty}^{+\infty} f(x,y)\mathrm{d}x\mathrm{d}y = 1$,可得

$$\int_0^{+\infty}\int_0^{+\infty} A\mathrm{e}^{-(2x+y)}\mathrm{d}x\mathrm{d}y = A\int_0^{+\infty}\mathrm{e}^{-2x}\mathrm{d}x\int_0^{+\infty}\mathrm{e}^{-y}\mathrm{d}y = \frac{A}{2} = 1,\text{所以 } A = 2.$$

(2) $P(-1<X<1,-1<Y<1)$

$$= \int_{-1}^1\int_{-1}^1 f(x,y)\mathrm{d}x\mathrm{d}y$$

$$= \int_0^1\int_0^1 2\mathrm{e}^{-(2x+y)}\mathrm{d}x\mathrm{d}y = \int_0^1 2\mathrm{e}^{-2x}\mathrm{d}x\int_0^1 \mathrm{e}^{-y}\mathrm{d}y$$

$$= (1-\mathrm{e}^{-2})(1-\mathrm{e}^{-1}).$$

(3) $P(X+Y \leqslant 1) = \iint\limits_{x+y\leqslant 1} f(x,y)\mathrm{d}x\mathrm{d}y$

$$= \iint\limits_{(x+y\leqslant 1)\bigcap(x>0,y>0)} 2\mathrm{e}^{-(2x+y)}\mathrm{d}x\mathrm{d}y$$

$$= \int_0^1\int_0^{1-x} 2\mathrm{e}^{-(2x+y)}\mathrm{d}x\mathrm{d}y = 1-2\mathrm{e}^{-1}+\mathrm{e}^{-2}.$$

(4) 当 $x>0,y>0$ 时,

$$F(x,y) = \int_{-\infty}^x\int_{-\infty}^y f(u,v)\mathrm{d}v\mathrm{d}u = \int_0^x\int_0^y 2\mathrm{e}^{-(2u+v)}\mathrm{d}v\mathrm{d}u$$

$$= \int_0^x 2\mathrm{e}^{-2u}\mathrm{d}u\int_0^y \mathrm{e}^{-v}\mathrm{d}v = (1-\mathrm{e}^{-2x})(1-\mathrm{e}^{-y});$$

当 $(x,y) \notin \{(x,y) \mid x>0, y>0\}$ 时,

$$F(x,y) = \int_{-\infty}^x\int_{-\infty}^y f(u,v)\mathrm{d}v\mathrm{d}u = \int_{-\infty}^x\int_{-\infty}^y 0\mathrm{d}v\mathrm{d}u = 0,$$

即 $F(x,y) = \begin{cases} (1-\mathrm{e}^{-2x})(1-\mathrm{e}^{-y}), & x>0, y>0 \\ 0, & \text{其他} \end{cases}$.

3.3.2　边缘分布函数与边缘概率密度函数

由 $f(x,y)$ 的性质(3),可以求得 X 的边缘分布函数为

$$F_X(x) = P(X \leqslant x) = P(X \leqslant x, Y < +\infty) = F(x,+\infty)$$

$$= \int_{-\infty}^{x} \int_{-\infty}^{+\infty} f(u,v) \mathrm{d}v \mathrm{d}u = \int_{-\infty}^{x} \left(\int_{-\infty}^{+\infty} f(u,v) \mathrm{d}v \right) \mathrm{d}u.$$

从而可知 $F_X(x)$ 是一个连续型分布函数,相应的密度函数为

$$f_X(x) = F'_X(x) = \int_{-\infty}^{+\infty} f(x,y) \mathrm{d}y.$$

同理,可知 $F_Y(y)$ 也是连续型分布函数,其密度函数为

$$f_Y(y) = \int_{-\infty}^{+\infty} f(x,y) \mathrm{d}x.$$

因为 $F_X(x), F_Y(y)$ 是**边缘分布函数**,所以 $f_X(x), f_Y(y)$ 也称为**边缘概率密度函数**.

定义 3.3.2   连续型随机变量 (X,Y) 中,X(或 Y)的概率密度函数称为 (X,Y) 关于 X(或 Y)的**边缘密度函数**,记为 $f_X(x)$(或 $f_Y(y)$),由上面推导可知:

(X,Y) 关于 X 的边缘概率密度为 $f_X(x) = \int_{-\infty}^{+\infty} f(x,y) \mathrm{d}y$,$(X,Y)$ 关于 X 的边缘分布函数为 $F_X(x) = \int_{-\infty}^{x} f_X(u) \mathrm{d}u$;

(X,Y) 关于 Y 的边缘概率密度为 $f_Y(y) = \int_{-\infty}^{+\infty} f(x,y) \mathrm{d}x$,$(X,Y)$ 关于 Y 的边缘分布函数为 $F_Y(y) = \int_{-\infty}^{y} f_Y(v) \mathrm{d}v$.

3.3.3 条件概率密度

定义 3.3.3   设 (X,Y) 是二维连续型随机变量,$f(x,y)$ 为 (X,Y) 的联合概率密度.

(1) 若对于某一固定的 y,$f_Y(y) > 0$,则称 $f(x \mid y) = \dfrac{f(x,y)}{f_Y(y)}$ 为 (X,Y) 在 $Y = y$ 的条件下 X 的**条件概率密度**,$F(x \mid y) = \int_{-\infty}^{x} f(u \mid y) \mathrm{d}u$ 称为**在 $Y = y$ 的条件下 X 的条件分布函数**.

(2) 若对于某一固定的 x,$f_X(x) > 0$,则称 $f(y \mid x) = \dfrac{f(x,y)}{f_X(x)}$ 为 (X,Y) 在 $X = x$ 的条件下 Y 的**条件概率密度**,$F(y \mid x) = \int_{-\infty}^{y} f(v \mid x) \mathrm{d}v$ 称为**在 $X = x$ 的条件下 Y 的条件分布函数**.

例 3.3.2   设二维随机变量 (X,Y) 的联合概率密度函数为

$$f(x,y) = \begin{cases} axy, & 0 \leqslant x \leqslant 1, 0 \leqslant y \leqslant 1 \\ 0, & \text{其他} \end{cases},$$

(1) 求常数 a;

(2) 求随机变量 X 的边缘概率密度 $f_X(x)$；

(3) 求 X 的边缘分布函数 $F_X(x)$；

(4) 求 $P(-1 < X \leqslant 0.5, -1 < Y \leqslant 0.8)$；

(5) 求在 $Y = y$ 的条件下 X 的条件概率密度 $f(x \mid y)$.

解　(1) 因为 $\int_{-\infty}^{+\infty}\int_{-\infty}^{+\infty} f(x,y)\mathrm{d}y\mathrm{d}x = \int_0^1\int_0^1 axy\,\mathrm{d}y\mathrm{d}x = \dfrac{a}{4} = 1$，所以 $a = 4$；

(2) 由 $f_X(x) = \int_{-\infty}^{+\infty} f(x,y)\mathrm{d}y$，

当 $0 \leqslant x \leqslant 1$ 时，$f_X(x) = \int_{-\infty}^{+\infty} f(x,y)\mathrm{d}y = \int_0^1 4xy\,\mathrm{d}y = 2x$，

当 $x < 0$ 或 $x > 1$ 时，$f_X(x) = \int_{-\infty}^{+\infty} 0\,\mathrm{d}y = 0$，

所以，$f_X(x) = \begin{cases} 2x, & 0 \leqslant x \leqslant 1 \\ 0, & \text{其他} \end{cases}$；

(3) 当 $x < 0$ 时，$F_X(x) = \int_{-\infty}^{x} f_X(u)\mathrm{d}u = \int_{-\infty}^{x} 0\,\mathrm{d}u = 0$，

当 $0 \leqslant x \leqslant 1$ 时，$F_X(x) = \int_{-\infty}^{x} f_X(u)\mathrm{d}u = \int_0^x 2u\,\mathrm{d}u = x^2$，

当 $x > 1$ 时，$F_X(x) = \int_{-\infty}^{x} f_X(u)\mathrm{d}u = \int_0^1 2u\,\mathrm{d}u = 1$，

所以，$F_X(x) = \begin{cases} 0, & x < 0 \\ x^2, & 0 \leqslant x \leqslant 1 \\ 1, & x > 1 \end{cases}$

(4) $P(-1 < X \leqslant 0.5, -1 < Y \leqslant 0.8) = \int_{-1}^{0.5}\int_{-1}^{0.8} f(x,y)\mathrm{d}y\mathrm{d}x = \int_0^{0.5}\int_0^{0.8} 4xy\,\mathrm{d}y\mathrm{d}x = 0.16$；

(5) 当 $0 < y \leqslant 1$ 时，在 $Y = y$ 的条件下 X 的条件概率密度 $f(x \mid y)$ 为

$$f(x \mid y) = \frac{f(x,y)}{f_Y(y)} = \begin{cases} \dfrac{f(x,y)}{\int_0^1 4xy\,\mathrm{d}x} = \dfrac{4xy}{2y} = 2x, & 0 \leqslant x \leqslant 1 \\ 0, & \text{其他} \end{cases}.$$

3.3.4　两种重要的二维连续型分布

1. 二维均匀分布

定义 3.3.4　若二维随机变量 (X,Y) 具有概率密度

$$f(x,y) = \begin{cases} \dfrac{1}{S_D}, & (x,y) \in D, \\ 0, & \text{其他} \end{cases},$$

其中 S_D 表示有界平面区域 D 的面积,则称 (X,Y) 服从区域 D 上的**均匀分布**.

若二维随机变量 (X,Y) 服从区域 D 上的均匀分布,则对 D 中的任一(面积有限)子区域 G,有

$$P\{(X,Y) \in G\} = \iint\limits_{G} f(x,y)\mathrm{d}x\mathrm{d}y$$

$$= \iint\limits_{(x,y) \in G} \frac{1}{S_D}\mathrm{d}x\mathrm{d}y = \frac{S_G}{S_D},$$

其中 S_G 是 G 的面积. 上式表明,二维随机变量落入子区域 G 的概率与 G 的面积成正比,而与 G 在 D 中的位置和形状无关. 由此可知,"均匀"分布的含义就是"等可能".

例 3.3.3 设区域 A 是一个由 x 轴、y 轴及直线 $x + \dfrac{y}{2} = 1$ 所围成的三角形区域(见图 3-4),(X,Y) 服从区域 A 上的均匀分布,试求:(X,Y) 的两个边缘概率密度 $f_X(x)$ 及 $f_Y(y)$.

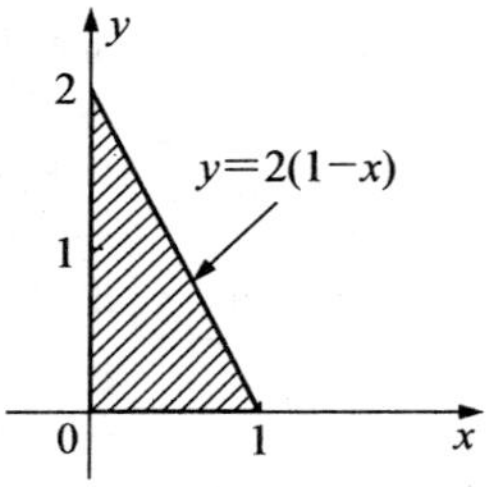

解 易见区域 A 的面积为 1,所以 (X,Y) 的联合概率密度为

$$f(x,y) = \begin{cases} 1, & (x,y) \in A \\ 0, & 其他 \end{cases}.$$

由 $f_X(x) = \displaystyle\int_{-\infty}^{+\infty} f(x,y)\mathrm{d}y$,

当 $x < 0$ 或 $x > 1$ 时,$f_X(x) = \displaystyle\int_{-\infty}^{+\infty} 0\mathrm{d}y = 0$;

而当 $0 \leqslant x \leqslant 1$ 时,

$$f_X(x) = \int_{-\infty}^{+\infty} f(x,y)\mathrm{d}y = \int_{-\infty}^{0} 0\mathrm{d}y + \int_{0}^{2(1-x)} 1\mathrm{d}y + \int_{2(1-x)}^{+\infty} 0\mathrm{d}y = 2(1-x).$$

于是 $\quad f_X(x) = \begin{cases} 2(1-x), & 0 \leqslant x \leqslant 1 \\ 0, & 其他 \end{cases}.$

同理,$f_Y(y) = \displaystyle\int_{-\infty}^{+\infty} f(x,y)\mathrm{d}x$,

当 $y < 0$ 或 $y > 2$ 时,$f_Y(y) = 0$;

而当 $0 \leqslant y \leqslant 2$ 时,

$$f_Y(y) = \int_{-\infty}^{+\infty} f(x,y)\mathrm{d}x = \int_{-\infty}^{0} 0\mathrm{d}x + \int_{0}^{1-\frac{y}{2}} 1\mathrm{d}x + \int_{1-\frac{y}{2}}^{+\infty} 0\mathrm{d}x = 1 - \frac{y}{2},$$

于是 $\quad f_Y(y) = \begin{cases} 1 - \dfrac{y}{2}, & 0 \leqslant y \leqslant 2 \\ 0, & 其他 \end{cases}.$

图 3-4

2. 二维正态分布

定义 3.3.5 若二维随机变量的概率密度为

$$f(x,y) = \frac{1}{2\pi\sigma_1\sigma_2\sqrt{1-\rho^2}} e^{-\frac{1}{2(1-\rho^2)}\left[\frac{(x-\mu_1)^2}{\sigma_1^2} - 2\rho\frac{(x-\mu_1)(y-\mu_2)}{\sigma_1\sigma_2} + \frac{(y-\mu_2)^2}{\sigma_2^2}\right]}, \quad -\infty < x,y < +\infty,$$

其中 $\mu_1,\mu_2,\sigma_1,\sigma_2,\rho$ 均为常数，且 $\sigma_1 > 0, \sigma_2 > 0,$ $-1 < \rho < 1.$ 这时称 (X,Y) 服从**二维正态分布**，记为 $(X,Y) \sim N(\mu_1,\mu_2,\sigma_1^2,\sigma_2^2,\rho).$

二维正态分布的概率密度函数 $z = f(x,y)$ 的几何图形是一张以 (μ_1,μ_2) 为极大值点的单峰钟形曲面(见图 3-5).

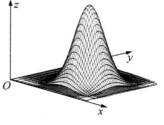

图 3-5

例 3.3.4 设二维随机变量 $(X,Y) \sim N(0,0,1,1,\rho),$ 试求 (X,Y) 的两个边缘概率密度 $f_X(x), f_Y(y).$

解 $f_X(x) = \int_{-\infty}^{+\infty} f(x,y)\mathrm{d}y = \int_{-\infty}^{+\infty} \frac{1}{2\pi\sqrt{1-\rho^2}} e^{-\frac{1}{2(1-\rho^2)}(x^2 - 2\rho xy + y^2)}\mathrm{d}y,$

注意到 $x^2 - 2\rho xy + y^2 = (y - y\rho)^2 + (1-\rho^2)x^2,$ 于是

$$f_X(x) = \frac{1}{\sqrt{2\pi}} e^{-\frac{x^2}{2}} \int_{-\infty}^{+\infty} \frac{1}{\sqrt{2\pi}\sqrt{1-\rho^2}} e^{-\frac{(y-y\rho)^2}{2(1-\rho^2)}}\mathrm{d}y.$$

上式积分号内恰是 $\mu = \rho x, \sigma = \sqrt{1-\rho^2}$ 的正态分布的概率密度，因此，该积分值应为 1，

故 $f_X(x) = \frac{1}{\sqrt{2\pi}} e^{-\frac{x^2}{2}};$

同理，$f_Y(y) = \frac{1}{\sqrt{2\pi}} e^{-\frac{y^2}{2}}.$

可见，$X \sim N(0,1), Y \sim N(0,1).$

定理 3.3.1 若二维随机变量 $(X,Y) \sim N(\mu_1,\mu_2,\sigma_1^2,\sigma_2^2,\rho),$ 则 $X \sim N(\mu_1,\sigma_1^2),$ $Y \sim N(\mu_2,\sigma_2^2),$ 即**二维正态分布的两个边缘分布均为一维正态分布**.

值得指出的是：当参数 ρ 的值不同时，所对应的二维正态分布也不同，但它们的边缘分布却相同. 这说明，**由两个分量 X 及 Y 各自的分布，一般不能确定 (X,Y) 的联合分布**.

最后，用一个实例解释一下二维连续型随机变量的条件概率密度的含义. 设成年男性的身高(单位：cm)和体重(单位：kg)分别为 X 和 Y，则 (X,Y) 服从二维正态分布：$(X,Y) \sim N(\mu_1,\mu_2,\sigma_1^2,\sigma_2^2,\rho).$ 边缘概率密度 $f_X(x)$ 描述了成年男性总人群身高的分布状况，条件概率密度 $f(x\mid70)$ 描述了在体重为 70kg 这一成年男性子人群身高的分布状况,显然两者的含义是不同的.

§3.4 随机变量的相互独立性

3.4.1 随机变量相互独立的定义

定义 3.4.1 设 $F(x,y),F_X(x),F_Y(y)$ 分别是二维随机变量 (X,Y) 的联合分布函数和两个边缘分布函数,若对所有的 x,y 均有:

$$F(x,y) = F_X(x)F_Y(y),$$

即 $P(X \leqslant x, Y \leqslant y) = P(X \leqslant x)P(Y \leqslant y)$, $\forall x, y \in R$,则称**随机变量 X 与 Y 相互独立**.

3.4.2 二维离散型随机变量相互独立的充分必要条件

定理 3.4.1 设 (X,Y) 是二维离散型随机变量,则 X 与 Y 互相独立的充分必要条件是:对 $\forall i, j = 1, 2, \cdots$,恒有 $P(X = x_i, Y = y_j) = P(X = x_i)P(Y = y_j)$,即 $p_{ij} = p_{i.} \cdot p_{.j}$ 成立.

通俗地讲,联合分布律等于两个边缘分布律之积.

例 3.4.1 二维随机变量 (X,Y) 的联合分布律如下:

Y＼X	0	1	2
1	$\frac{1}{3}$	$\frac{1}{6}$	$\frac{1}{12}$
2	$\frac{1}{12}$	$\frac{1}{3}$	0

问: X 与 Y 是否相互独立?

解 因为 $P(X = 0, Y = 1) = \frac{1}{3} \neq \frac{35}{144} = P(X = 0)P(Y = 1)$,所以 X 与 Y 不相互独立.

例 3.4.2 已知随机变量 X 和 Y 相互独立,X 和 Y 的分布律分别为:

X	0	1	2
P	$\frac{1}{3}$	$\frac{1}{6}$	$\frac{1}{2}$

Y	1	2
P	$\frac{1}{2}$	$\frac{1}{2}$

求二维随机变量 (X,Y) 的联合分布律.

解　因为随机变量 X 和 Y 相互独立,所以 $P(X=x_i,Y=y_j)=P(X=x_i)P(Y=y_j)$,即可得二维随机变量 (X,Y) 的联合分布律为

Y \ X	0	1	2
1	$\frac{1}{3}\times\frac{1}{2}=\frac{1}{6}$	$\frac{1}{6}\times\frac{1}{2}=\frac{1}{12}$	$\frac{1}{2}\times\frac{1}{2}=\frac{1}{4}$
2	$\frac{1}{3}\times\frac{1}{2}=\frac{1}{6}$	$\frac{1}{6}\times\frac{1}{2}=\frac{1}{12}$	$\frac{1}{2}\times\frac{1}{2}=\frac{1}{4}$

3.4.3　二维连续型随机变量相互独立的充分必要条件

定理 3.4.2　设 $f(x,y),f_X(x)$ 及 $f_Y(y)$ 分别是二维连续型随机变量 (X,Y) 的联合概率密度函数和两个边缘密度函数,则 X 与 Y 互相独立的充分必要条件是:在 $f(x,y),f_X(x)$ 及 $f_Y(y)$ 的一切公共连续点上,$f(x,y)=f_X(x)f_Y(y)$ 都成立.

注:定理 3.4.2 可以利用定义 3.4.1 及密度函数与分布函数的关系证明.

例 3.4.3　二维连续型随机变量 (X,Y) 的联合概率密度函数为

$$f(x,y)=\begin{cases}4xy, & 0\leqslant x\leqslant 1,0\leqslant y\leqslant 1\\ 0, & \text{其他}\end{cases}.$$

问:X 与 Y 是否相互独立?

解　因为 $f_X(x)=\begin{cases}\displaystyle\int_0^1 4xy\,\mathrm{d}y=2x, & 0\leqslant x\leqslant 1\\ 0, & \text{其他}\end{cases}$,

$$f_Y(y)=\begin{cases}\displaystyle\int_0^1 4xy\,\mathrm{d}x=2y, & 0\leqslant y\leqslant 1\\ 0, & \text{其他}\end{cases},$$

所以 $f_X(x)\cdot f_Y(y)=\begin{cases}4xy, & 0\leqslant x\leqslant 1,0\leqslant y\leqslant 1\\ 0, & \text{其他}\end{cases}=f(x,y)$,因此 X 与 Y 相互独立.

3.4.4　二维正态随机变量的两分量相互独立的充分必要条件

定理 3.4.3　如果二维随机变量 $(X,Y)\sim N(\mu_1,\mu_2,\sigma_1^2,\sigma_2^2,\rho)$,则 X 和 Y 相互独立的充要条件是 $\rho=0$.

证明　由定理 3.3.1 知,若 $(X,Y)\sim N(\mu_1,\mu_2,\sigma_1^2,\sigma_2^2,\rho)$,则

$$X\sim N(\mu_1,\sigma_1^2),Y\sim N(\mu_2,\sigma_2^2).$$

即 (X,Y) 两个边缘概率密度分别为:

$$f_X(x) = \frac{1}{\sqrt{2\pi}\sigma_1}e^{-\frac{(x-\mu_1)^2}{2\sigma_1^2}}, f_Y(y) = \frac{1}{\sqrt{2\pi}\sigma_2}e^{-\frac{(y-\mu_2)^2}{2\sigma_2^2}}.$$

回忆定义 3.3.6 中 $f(x,y)$ 的表达式

$$f(x,y) = \frac{1}{2\pi\sigma_1\sigma_2\sqrt{1-\rho^2}}e^{-\frac{1}{2(1-\rho^2)}\left[\frac{(x-\mu_1)^2}{\sigma_1^2} - 2\rho\frac{(x-\mu_1)(y-\mu_2)}{\sigma_1\sigma_2} + \frac{(y-\mu_2)^2}{\sigma_2^2}\right]}, -\infty < x, y < +\infty,$$

易见:

(1) 当 $\rho = 0$ 时,有 $f(x,y) = f_X(x)f_Y(y)$,故 X 和 Y 相互独立;

(2) 反之,当 X 和 Y 相互独立时,由定理 3.4.1, $f(x,y) = f_X(x) \cdot f_Y(y)$,即

$$\frac{1}{2\pi\sigma_1\sigma_2\sqrt{1-\rho^2}} = \frac{1}{2\pi\sigma_1} \cdot \frac{1}{2\pi\sigma_2},故 \rho = 0.$$

由此可见,二维正态分布中的参数 ρ 反映了二维正态变量的两个分量之间的联系. ρ 恰好就是随机变量 (X,Y) 的相关系数(详见第 4 章).

§3.5 两个随机变量的函数的分布

在 §2.6 中,我们讨论了一个随机变量的函数的分布问题.在实际问题中,同样会出现多个随机变量的函数的分布问题,本节主要讨论两个随机变量的情形.

首先要说明的是:原则上,解决两个随机变量的函数的分布问题与一维随机变量情况类似,但是前者有着较为复杂的情况要分别讨论、研究.因此,本节仅仅通过若干例子说明一下解题的一般思路.

3.5.1 二维离散型随机变量的函数的分布

二维离散型随机变量 (X,Y) 的联合分布律为 $P(X = x_i, Y = y_j) = p_{ij}$, $i,j = 1,2,\cdots, Z = g(X,Y)$,则 Z 的分布律为:

Z	$g(x_1,y_1)$	$g(x_1,y_2)$	$\cdots$	$g(x_i,y_j)$	$\cdots$
P	p_{11}	p_{12}	$\cdots$	p_{ij}	$\cdots$

例 3.5.1 二维随机变量 (X,Y) 的联合分布律如下:

X \\ Y	0	1	2
0	$\frac{1}{12}$	$\frac{1}{6}$	$\frac{1}{12}$
1	$\frac{1}{3}$	$\frac{1}{6}$	$\frac{1}{6}$

求 $Z_1 = X + Y, Z_2 = X - Y, Z_3 = X \cdot Y$ 的分布.

解　设 $Z_1 = X + Y = g_1(X, Y)$，把 (X, Y) 的所有可能取值带入，可得 Z_1 的所有取值为 $0, 1, 2, 3$.

Z_1 的分布律为：

Z_1	0	1	2	3
P	$\dfrac{1}{12}$	$\dfrac{1}{2}$	$\dfrac{1}{4}$	$\dfrac{1}{6}$

类似可得 Z_2 的分布律为：

Z_2	-2	-1	0	1
P	$\dfrac{1}{12}$	$\dfrac{1}{3}$	$\dfrac{1}{4}$	$\dfrac{1}{3}$

Z_3 的分布律为：

Z_3	0	1	2
P	$\dfrac{2}{3}$	$\dfrac{1}{6}$	$\dfrac{1}{6}$

3.5.2　二维连续型随机变量的函数的分布

二维连续型随机变量 $(X, Y) \sim f(x, y)$，$Z = g(X, Y)$，则求 Z 的分布的基本方法称为**分布函数法**，步骤为：

1. 求出 Z 的分布函数 $F_Z(z)$，即

$$F_Z(z) = P(Z \leqslant z) = P(g(X, Y) \leqslant z) = \iint\limits_{D} f(x, y) \mathrm{d}x \mathrm{d}y,$$

其中 $D = \{(x, y) \mid g(x, y) \leqslant z\}$，并将二重积分化为累次积分计算.

2. 再对 $F_Z(z)$ 关于 z 求导数，从而得到 $Z = g(X, Y)$ 的概率密度 $f_Z(z) = \dfrac{\mathrm{d}}{\mathrm{d}z} F_Z(z)$.

例 3.5.2　设二维随机变量 (X, Y) 的联合概率密度为

$$f(x, y) = \begin{cases} 2\mathrm{e}^{-(x+2y)}, & x > 0, y > 0 \\ 0, & \text{其他} \end{cases},$$

求随机变量 $Z = X + 2Y$ 的分布函数.

解　当 $z \leqslant 0$ 时，

$$F_Z(z) = P(Z \leqslant z) = \iint\limits_{x+2y \leqslant z} f(x, y) \mathrm{d}x \mathrm{d}y = \iint\limits_{x+2y \leqslant z} 0 \mathrm{d}x \mathrm{d}y = 0;$$

当 $z > 0$ 时，

$$F_Z(z) = P(Z \leqslant z) = \iint\limits_{x+2y \leqslant z} f(x,y)\mathrm{d}x\mathrm{d}y$$

$$= \int_0^z \mathrm{d}x \int_0^{\frac{z-x}{2}} 2\mathrm{e}^{-(x+2y)}\mathrm{d}y \text{（见图 3-6）}$$

$$= 1 - \mathrm{e}^{-z} - z\mathrm{e}^{-z},$$

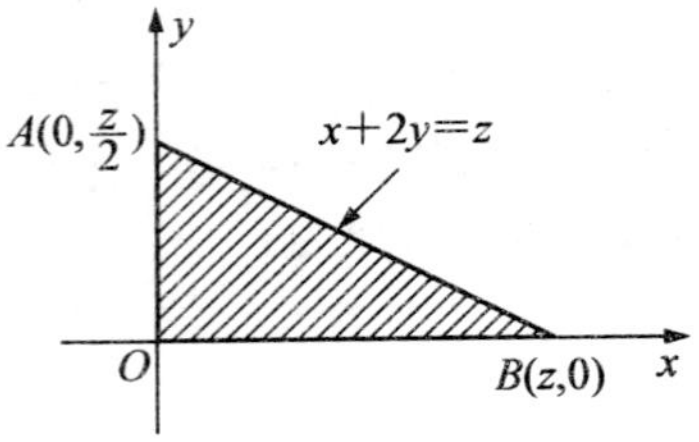

即 $\quad F_Z(z) = \begin{cases} 1 - \mathrm{e}^{-z} - z\mathrm{e}^{-z}, & z > 0 \\ 0, & z \leqslant 0 \end{cases}.$

图 3-6

接下来，在 X 与 Y 相互独立的情形下，我们推导 $Z = X + Y$ 的密度函数 $f_Z(z)$ 的表达式.

根据分布函数的定义知：

$$F_Z(z) = P(Z < z) = P(X + Y < z)$$

$$= \iint\limits_{x+y<z} f(x,y)\mathrm{d}x\mathrm{d}y = \int_{-\infty}^{+\infty} \left(\int_{-\infty}^{z-x} f(x,y)\mathrm{d}y\right)\mathrm{d}x,$$

因 X 与 Y 是独立的，用 $f_X(x_1) \cdot f_Y(y)$ 代替式中的 $f(x,y)$ 得到

$$F_Z(z) = \int_{-\infty}^{+\infty}\left(\int_{-\infty}^{z-x} f_X(x)f_Y(y)\mathrm{d}y\right)\mathrm{d}x = \int_{-\infty}^{+\infty}\left(\int_{-\infty}^{z} f_X(x)f_Y(u-x)\mathrm{d}u\right)\mathrm{d}x$$

$$= \int_{-\infty}^{z}\left(\int_{-\infty}^{+\infty} f_X(x)f_Y(u-x)\mathrm{d}x\right)\mathrm{d}u,$$

由此可得 Z 的密度函数为

$$f_Z(z) = F_Z{}'(z) = \int_{-\infty}^{+\infty} f_X(x)f_Y(z-x)\mathrm{d}x, \tag{3.5.1}$$

由对称性还可得

$$f_Z(z) = \int_{-\infty}^{+\infty} f_X(z-y)f_Y(y)\mathrm{d}y. \tag{3.5.2}$$

公式 (3.5.1) 和 (3.5.2) 均称为**卷积公式**.

例 3.5.3 设 X 与 Y 相互独立，均服从 $N(0,1)$，求 $Z = X + Y$ 的密度函数.

解 由卷积公式，

$$f_Z(z) = \int_{-\infty}^{+\infty} f_X(x)f_Y(z-x)\mathrm{d}x = \frac{1}{2\pi}\int_{-\infty}^{+\infty} \mathrm{e}^{-\frac{x^2}{2}} \cdot \mathrm{e}^{-\frac{(y-x)^2}{2}}\mathrm{d}x$$

$$= \frac{1}{2\pi}\mathrm{e}^{-\frac{y^2}{4}}\int_{-\infty}^{+\infty} \mathrm{e}^{-(x-\frac{y}{2})^2}\mathrm{d}x,$$

令 $\dfrac{t}{\sqrt{2}} = x - \dfrac{y}{2}$，即得

$$f_Z(z) = \frac{1}{2\sqrt{2}\pi}\mathrm{e}^{-\frac{z^2}{4}}\int_{-\infty}^{+\infty} \mathrm{e}^{-\frac{t^2}{2}}\mathrm{d}t = \frac{1}{2\sqrt{\pi}}\mathrm{e}^{-\frac{z^2}{4}},$$

由此可知 $Z \sim N(0,2)$.

定理 3.5.1　（正态分布的可加性）设随机变量 $X \sim N(\mu_1, \sigma_1^2)$，$Y \sim N(\mu_2, \sigma_2^2)$，且 X 与 Y 相互独立，则 $X + Y \sim N(\mu_1 + \mu_2, \sigma_1^2 + \sigma_2^2)$.

定理 3.5.2　设随机变量 $X_i \sim N(\mu_i, \sigma_i^2)$，$i = 1, 2, \cdots, n$，且 $X_1, X_2, \cdots, X_n$ 相互独立，则 $\sum\limits_{i=1}^{n} a_i X_i \sim N(\sum\limits_{i=1}^{n} a_i \mu_i, \sum\limits_{i=1}^{n} a_i^2 \sigma_i^2)$.

定理 3.5.1 可仿例 3.5.3 的解法用卷积公式证得，定理 3.5.2 证明略.

注：定理 3.5.2 说明 n 个相互独立并且都服从正态分布的随机变量的线性函数仍然服从正态分布.

3.5.3　二维随机变量的极值函数的分布

1. 极大值 $M = \max(X, Y)$ 的分布

例 3.5.4　已知随机变量 X 与 Y 相互独立，且分布函数分别为 $F_X(x)$ 和 $F_Y(y)$，求 $M = \max(X, Y)$ 的分布函数.

解　
$$\begin{aligned} F_M(z) &= P(M \leqslant z) = P(\max(X, Y) \leqslant z) \\ &= P((X \leqslant z) \bigcap (Y \leqslant z)) = P(X \leqslant z) \cdot P(Y \leqslant z) \\ &= F_X(z) \cdot F_Y(z), \end{aligned}$$
即 M 的分布函数为 $F_M(z) = F_X(z) \cdot F_Y(z)$.

2. 极小值 $N = \min(X, Y)$ 的分布

例 3.5.5　已知随机变量 X 与 Y 相互独立，且分布函数分别为 $F_X(x)$ 和 $F_Y(y)$，求 $N = \min(X, Y)$ 的分布函数.

解　
$$\begin{aligned} F_N(z) &= P(N \leqslant z) = 1 - P(N > z) = 1 - P(\min(X, Y) > z) \\ &= 1 - P((X > z) \bigcap (Y > z)) = 1 - P(X > z) \cdot P(Y > z) \\ &= 1 - [1 - P(X \leqslant z)][1 - P(Y \leqslant z)] \\ &= 1 - (1 - F_X(z))(1 - F_Y(z)), \end{aligned}$$
即 N 的分布函数为 $F_N(z) = 1 - (1 - F_X(z))(1 - F_Y(z))$.

第 3 章习题

1. 设随机变量 X 和 Y 相互独立,且都服从区间 $(0,1)$ 上的均匀分布,则仍服从均匀分布的随机变量是 ( )

A. $Z = X + Y$ B. $Z = X - Y$ C. (X,Y) D. (X,Y^2)

2. 设随机变量 $X \sim B(1,p), Y \sim P(\lambda)$,且 X 与 Y 相互独立,则 $X + Y$

( )

A. 是一维随机变量   B. 是二维随机变量

C. 服从两点分布   D. 服从泊松分布

3. 设随机变量 X 与 Y 独立且同分布

X	-1	1
P	$\frac{1}{2}$	$\frac{1}{2}$

Y	-1	1
P	$\frac{1}{2}$	$\frac{1}{2}$

则下面正确的选项是 ( )

A. $X = Y$ B. $P(X = Y) = 0$

C. $P(X = Y) = \frac{1}{2}$ D. $P(X = Y) = 1$

4. (2006 年 2+2) 设随机变量 X 与 Y 相互独立,且

X	0	1
P	$\frac{1}{3}$	$\frac{2}{3}$

Y	0	1
P	$\frac{1}{3}$	$\frac{2}{3}$

则下列各式中成立的是 ( )

A. $X = Y$ B. $P(X = Y) = 0.5$

C. $P(X = Y) = 1$ D. $P(X = Y) = \frac{5}{9}$

5. (2003 年考研数学) 设 X_1 和 X_2 是任意两个相互独立的连续型随机变量,它们的概率密度分别为 $f_1(x)$ 和 $f_2(x)$,分布函数分别为 $F_1(x)$ 和 $F_2(x)$,则 ( )

A. $f_1(x) + f_2(x)$ 必为某一随机变量的概率密度

B. $f_1(x)f_2(x)$ 必为某一随机变量的概率密度

C. $F_1(x) + F_2(x)$ 必为某一随机变量的分布函数

D. $F_1(x)F_2(x)$ 必为某一随机变量的分布函数

6. （2009 年考研数学）设随机变量 X 与 Y 相互独立，$X \sim N(0,1)$，Y 的概率分布为 $P(Y=0) = P(Y=1) = \dfrac{1}{2}$，记 $F_z(z)$ 为 $Z = XY$ 的分布函数，则函数 $F_z(z)$ 间断点的个数为 （ ）

A. 0 B. 1 C. 2 D. 3

7. （2008 年考研数学）设随机变量 X, Y 独立同分布，且 X 的分布函数为 $F(x)$，则 $Z = \max(X, Y)$ 的分布函数为 （ ）

A. $F^2(z)$ B. $F(x)F(y)$

C. $1 - [1 - F(x)]^2$ D. $[1 - F(x)][1 - F(y)]$

8. （2005 年 2+2）随机变量 X 与 Y 相互独立，且 $F(x), G(y)$ 分别为 X, Y 的分布函数，则 $Z = \max(X, Y)$ 的分布函数为 （ ）

A. $F(z)G(z)$ B. $\max\{F(z), G(z)\}$

C. $(1 - F(z))(1 - G(z))$ D. $F(z) + G(z) - F(z)G(z)$

9. （2005 年考研数学）从数 $1, 2, 3, 4$ 中任取一个数，记为 X，再从 $1, 2, \cdots, X$ 中任取一个数，记为 Y，则 $P(Y = 2) = $ _____．

10. 已知二维随机变量 (X, Y) 的联合分布函数为 $F(x, y)$，试用 $F(x, y)$ 表示概率 $P(X > a, Y > b) = $ _____．

11. 已知随机变量 (X, Y) 的联合分布密度函数为

$$f(x, y) = \begin{cases} k \cdot y(1-x), & 0 \leqslant x \leqslant 1, \quad 0 \leqslant y \leqslant x \\ 0, & \text{其他} \end{cases}, \text{则常数 } k = \underline{\qquad}.$$

12. 设随机变量 $(X, Y) \sim N(0, 1, 2^2, 3^2, 0)$，则概率 $P(|2X - Y| \geqslant 1) = $ _____．

13. （2003 年考研数学）设二维随机变量 (X, Y) 的概率密度为

$$f(x, y) = \begin{cases} 6x, & 0 \leqslant x \leqslant y \leqslant 1 \\ 0, & \text{其他} \end{cases}, \text{则 } P(X + Y \leqslant 1) = \underline{\qquad}.$$

14. （2005 年考研数学）设二维随机变量 (X, Y) 的概率分布为：

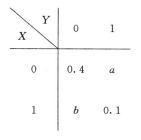

已知随机事件 $(X = 0)$ 与 $(X + Y = 1)$ 相互独立，则 $a = $ _____，$b = $ _____．

15. （2006 年考研数学）设随机变量 X 与 Y 相互独立,且都服从区间 $[0,3]$ 上的均匀分布,则 $P\{\max(X,Y) \leqslant 1\} =$ _____.

B 组

1. 已知 (X,Y) 的联合分布函数为

$$F(x,y) = \begin{cases} 1-e^{-x}-e^{-2y}+e^{-x-2y}, & x>0,y>0 \\ 0, & \text{其他} \end{cases},$$

求两个边缘分布函数.

2. 已知 (X,Y) 的联合分布函数为

$$F(x,y) = \begin{cases} 1-e^{-0.5x}-e^{-0.5y}+e^{-0.5(x+y)}, & x>0,y>0 \\ 0, & \text{其他} \end{cases},$$

试求：

(1) (X,Y) 的两个边缘分布函数；

(2) $P(X>2)$ 及 $P(Y>2)$；

(3) $P(X>2,Y>2)$；

(4) $P(1<X \leqslant 2,1<Y \leqslant 2)$.

3. 一盒中有 10 件同种商品,其中一、二、三等品分别为 $7,2,1$ 件. 现从中任取一件,定义随机变量 $X_i = \begin{cases} 1, & \text{该件是 } i \text{ 等品} \\ 0, & \text{该件不是 } i \text{ 等品} \end{cases}, i=1,2,3.$ 求 (X_1,X_2) 的联合分布律.

4. 设二维离散型随机变量的联合分布律为：

X \ Y	0	1	2
0	0.1	0.2	a
1	0.1	b	0.2

试分别根据下列条件求 a 与 b 的值.

(1) $P(X=1) = 0.6$；

(2) $P(X=1 \mid Y=2) = 0.5$.

5. 一个整数 X 随机地在 $1,2,3,4$ 四个整数中任取一个值,而另一个整数 Y 随机地从 1 到 X 中任取一个值,试求 (X,Y) 的联合分布律及两个边缘分布律.

6. 已知随机变量 (X,Y) 的边缘分布律分别为：

X	0	1
P	$\frac{1}{2}$	$\frac{1}{2}$

Y	-1	0	1
P	$\frac{1}{4}$	$\frac{1}{2}$	$\frac{1}{4}$

又 $P(XY = 0) = 1$，求 (X,Y) 的联合分布律.

7. （2005 年 2＋2）盒中有 7 件同型产品，其中有 2 件一等品，2 件二等品，3 件三等品. 从中取两次，每次随机取一件. 定义 X,Y 如下：

$$X = \begin{cases} 1, & \text{第一次取得一等品} \\ 2, & \text{第一次取得二等品}, \\ 3, & \text{第一次取得三等品} \end{cases} Y = \begin{cases} 1, & \text{第二次取得一等品} \\ 2, & \text{第二次取得二等品}. \\ 3, & \text{第二次取得三等品} \end{cases}$$

在不放回抽取时，求 (X,Y) 的联合分布律.

8. （2006 年 2＋2）已知随机事件 A,B 满足 $P(B) = \dfrac{1}{3}$，$P(B \mid A) = \dfrac{1}{2}$，

$P(A \mid B) = \dfrac{1}{4}$，定义随机变量

$$\xi = \begin{cases} 1, & B \text{ 发生} \\ -1, & B \text{ 不发生} \end{cases}, \eta = \begin{cases} 1, & A \text{ 发生} \\ -1, & A \text{ 不发生} \end{cases},$$

求：(1) 二维随机变量 (ξ,η) 的联合分布律；(2) $P(2\xi + \eta \leqslant 1)$.

9. 设二维随机变量 (X,Y) 的联合分布律为：

X＼Y	0	1
0	0.1	0.2
1	0.3	0.4

试求 (X,Y) 的联合分布函数.

10. （2001 年考研数学）某班车起点站上车人数 X 服从参数为 λ 的泊松分布，每位乘客在中途下车的概率为 $p(0 < p < 1)$，且每位乘客中途下车与否相互独立. 记中途下车的人数为 Y.

(1) 求在发车时车上有 n 个乘客的条件下，中途有 m 个人下车的概率；

(2) 求 (X,Y) 的联合分布律.

11. 设随机变量 (X,Y) 的联合密度为

$$f(x,y) = \begin{cases} k(6 - x - y), & 0 < x < 2, 2 \leqslant y \leqslant 4 \\ 0, & \text{其他} \end{cases},$$

(1) 确定常数 k；(2) 求 $P(X < 1, Y < 3)$；(3) 求 $P(X + Y \leqslant 4)$.

12. 设随机变量 (X,Y) 的联合密度函数为

$$f(x,y) = \begin{cases} 3x, & 0 \leqslant x \leqslant 1, 0 \leqslant y \leqslant x \\ 0, & \text{其他} \end{cases}.$$

(1) 求边缘密度函数 $f_X(x)$ 与 $f_Y(y)$；(2) 计算 $P(X + Y > 1)$.

13. 设随机变量 (X,Y) 的联合密度函数为

$$f(x,y)=\begin{cases}\dfrac{1}{2}, & 0\leqslant x\leqslant 2,0\leqslant y\leqslant 1,\\ 0, & 其他\end{cases},$$

试求 X 和 Y 至少有一个小于 $\dfrac{1}{2}$ 的概率.

14. 设二维随机变量 (X,Y) 的联合概率密度为

$$f(x,y)=\begin{cases}48y(2-x), & 0\leqslant x\leqslant 1,0\leqslant y\leqslant x,\\ 0, & 其他\end{cases},$$

求两个边缘概率密度函数 $f_X(x)$ 与 $f_Y(y)$.

15. 设二维随机变量 (X,Y) 在区域 $G=\{(x,y)\mid 0\leqslant x\leqslant 1,\mid y\mid\leqslant x\}$ 上服从均匀分布.求:

(1) 边缘密度函数 $f_X(x),f_Y(y)$；

(2) $P\left(0<X<\dfrac{1}{2},0<Y<\dfrac{1}{2}\right)$.

16. (2011 年考研数学) 设二维随机变量 (X,Y) 在区域 G 上服从均匀分布, G 由 $x-y=0,x+y=2$ 与 $y=0$ 围成.求:

(1) 边缘密度函数 $f_X(x),f_Y(y)$；

(2) $f(x\mid y)$.

17. (2007 年 2+2) 设二维随机变量 (X,Y) 的联合分布律为:

X＼Y	1	2	3
1	$\dfrac{1}{6}$	$\dfrac{1}{9}$	$\dfrac{1}{18}$
2	$\dfrac{1}{3}$	α	β

若 X 与 Y 独立,求:(1) α,β；(2) X 与 Y 的边缘分布律；(3) $X+Y$ 的分布.

18. (1999 年考研数学) 设随机变量 X 与 Y 独立,如下列出了联合分布及边缘分布的部分值,求其余的待定数值: $P_{ij},P_{i\cdot}$ 及 $P_{\cdot j}$.

X＼Y	y_1	y_2	y_3	$P_{i\cdot}$
x_1	P_{11}	$\dfrac{1}{8}$	P_{13}	$P_{1\cdot}$
x_2	$\dfrac{1}{8}$	P_{22}	P_{23}	$P_{2\cdot}$
$P_{\cdot j}$	$\dfrac{1}{6}$	$P_{\cdot 2}$	$P_{\cdot 3}$	

19. （2007 年 2+2）二维离散型随机变量 (ξ, η) 的概率分布为：$P(\xi = \eta = 0) = 0.1, P(\xi = 0, \eta = 1) = b, P(\xi = 1, \eta = 0) = a, P(\xi = \eta = 1) = 0.4$. 已知随机事件 $(\xi + \eta = 1)$ 与事件 $(\eta = 1)$ 相互独立，求：（1）a, b 的值；（2）$E(\xi)$.

20. 在一个箱子中装有 12 只开关，其中 2 只是次品，在其中取两次，每次任取一只，作不放回抽样. 定义随机变量 (X, Y) 如下：

$$X = \begin{cases} 0, & \text{第一次取出的是正品} \\ 1, & \text{第一次取出的是次品} \end{cases}, Y = \begin{cases} 0, & \text{第二次取出的是正品} \\ 1, & \text{第二次取出的是次品} \end{cases}.$$

（1）写出 (X, Y) 的联合分布律和 X, Y 的边缘分布律；

（2）判断 X 与 Y 是否独立.

21. 设二维随机变量 (X, Y) 的联合概率密度为

$$f(x, y) = \begin{cases} 2\mathrm{e}^{-(2x+y)}, & x > 0, y > 0 \\ 0, & \text{其他} \end{cases}.$$

（1）求两个边缘概率密度函数 $f_X(x)$ 与 $f_Y(y)$；

（2）判断 X 与 Y 是否相互独立.

22. 设二维随机变量 (X, Y) 的概率密度为 $f(x, y) = \begin{cases} cx^2 y, & x^2 \leqslant y \leqslant 1 \\ 0, & \text{其他} \end{cases}$，

（1）确定常数 c；（2）求两个边缘概率密度函数；（3）判断 X 与 Y 是否独立.

23. 已知 (X, Y) 的联合分布律为：

X \ Y	−1	0	1
−1	$\frac{1}{8}$	$\frac{1}{8}$	0
0	$\frac{1}{8}$	$\frac{1}{4}$	$\frac{1}{8}$
1	0	$\frac{1}{8}$	$\frac{1}{8}$

（1）求 $Z = XY$ 的分布；（2）求 $Z = X + Y$ 的分布.

24. （2005 年 2+2）已知随机向量 (ξ, η) 的联合分布律为：

ξ \ η	−1	1	2
−1	0.25	0.1	0.3
2	0.15	0.15	0.05

求：（1）$\xi + \eta$ 的分布律；（2）在 $\eta = -1$ 的条件下 ξ 的条件分布律.

25. 设随机变量 (X,Y) 的联合概率密度函数为

$$f(x,y) = \begin{cases} \dfrac{1}{2}(x+y)\mathrm{e}^{-(x+y)}, & x>0, y>0, \\ 0, & \text{其他} \end{cases},$$

求 $Z = X + Y$ 的概率密度函数.

26. 设 X 和 Y 是两个相互独立的随机变量,其概率密度分别为

$$f_X(x) = \begin{cases} 1, & 0 \leqslant x \leqslant 1 \\ 0, & \text{其他} \end{cases}, \quad f_Y(y) = \begin{cases} \mathrm{e}^{-y}, & y>0 \\ 0, & \text{其他} \end{cases},$$

求随机变量 $Z = X + Y$ 的概率密度.

27. (1999 年考研数学) 已知 (X,Y) 服从区域 $D = \{(x,y) \mid 0<x<2, 0<y<1\}$ 上的均匀分布,求 $Z = XY$ 的分布函数 $F(z)$.

28. (2009 年考研数学) 设二维随机变量 (X,Y) 的概率密度为

$$f(x,y) = \begin{cases} \mathrm{e}^{-x}, & 0<y<x \\ 0, & \text{其他} \end{cases}.$$

(1) 求条件概率密度 $f(y \mid x)$;(2) 求条件概率 $P(X \leqslant 1 \mid Y \leqslant 1)$.

29. $X_1, X_2, \cdots, X_n$ 相互独立且同分布,分布函数为 $F(x) = \begin{cases} 1 - \mathrm{e}^{-2x}, & x>0 \\ 0, & x \leqslant 0 \end{cases}$,

求 $M = \max(X_1, X_2, \cdots, X_n)$ 及 $N = \min(X_1, X_2, \cdots, X_n)$ 的分布函数 $F_M(y)$ 及 $F_N(z)$.

30. (2007 年 2+2) 已知二维随机变量 (ξ, η) 的概率密度是

$$f(x,y) = \begin{cases} \dfrac{1}{4}(x+2y), & 0<x<2, 0<y<1, \\ 0, & \text{其他} \end{cases},$$

(1) 判断 ξ 和 η 的独立性,并说明理由;(2) 求概率 $P(\eta > \dfrac{1}{2} \mid \xi = 1)$.

31. (2008 年 2+2) 设 X, Y 是两个相互独立的随机变量,X 在 $(0,1)$ 上服从均匀分布,Y 的概率密度为 $f_Y(y) = \begin{cases} \dfrac{1}{2}\mathrm{e}^{-\frac{y}{2}}, & y>0 \\ 0, & y \leqslant 0 \end{cases}$;求:

(1) X 和 Y 的联合概率密度;

(2) 关于 t 的二次方程 $t^2 + 2X \cdot t + Y = 0$ 有实根的概率值.

32. 区域 D 由曲线 $y = \dfrac{1}{x}$,直线 $y = 0$, $x = 1$, $x = \mathrm{e}^2$ 围成,(X,Y) 服从 D 上的均匀分布.求:

(1) (X,Y) 的联合概率密度;

(2) X 的边缘密度 $f(x)$ 在 $x = 2$ 处的值.

33. (2003 年考研数学)设随机变量 X 与 Y 独立,其中 X 的概率分布为

$X \sim \begin{pmatrix} 1 & 2 \\ 0.3 & 0.7 \end{pmatrix}$,而 Y 的概率密度为 $f(y)$,求随机变量 $U = X+Y$ 的概率密度 $g(u)$.

34. (2004 年考研数学)随机变量 X 服从区间 $(0,1)$ 上的均匀分布,在 $X = x(0 < x < 1)$ 的条件下,随机变量 Y 在区间 $(0,x)$ 上服从均匀分布.求:

(1) (X,Y) 的联合概率密度;(2) Y 的概率密度;(3) $P(X+Y \geqslant 1)$.

35. (2005 年考研数学)二维随机变量 (X,Y) 的概率密度为

$$f(x,y) = \begin{cases} 1, & 0 < x < 1, 0 < y < 2x \\ 0, & 其他 \end{cases}.$$

求:(1) (X,Y) 的边缘概率密度 $f_X(x), f_Y(y)$;

(2) $Z = 2X - Y$ 的概率密度 $f_Z(z)$;

(3) $P\left(Y \leqslant \dfrac{1}{2} \mid X \leqslant \dfrac{1}{2}\right)$.

36. (2007 年考研数学)设二维随机变量 (X,Y) 的概率密度为

$$f(x,y) = \begin{cases} 2-x-y, & 0 < x < 1, 0 < y < 1 \\ 0, & 其他 \end{cases}.$$

(1) 求 $P(X > 2Y)$;(2) 求 $Z = X+Y$ 的概率密度.

37. (2009 年考研数学)设袋中有 1 个红球、2 个黑球和 3 个白球,现有放回地从袋中取两次,每次取一个球.以 X,Y,Z 分别表示两次取球所得的红球、黑球和白球的个数.求:

(1) $P(X = 1 \mid Z = 0)$;

(2) 二维随机变量 (X,Y) 的概率分布.

38. (2009 年 2+2)设钻头的寿命(即钻头直到磨损报废为止所钻透的地层厚度,以米为单位)服从参数为 0.001 的指数分布,现要打一口深度为 2000 米的井,求:

(1) 只需一根钻头的概率;

(2) 恰好用两根钻头的概率.

39. (2009 年 2+2)设随机变量 (X,Y) 的概率密度函数为

$$f(x,y) = \begin{cases} A \cdot \mathrm{e}^{-(x+y)}, & x > 0, y > 0 \\ 0, & 其他 \end{cases}.$$

求:(1) 常数 A;(2) $Z = \min(X,Y)$ 的概率密度函数;(3) (X,Y) 落在以 x 轴、y 轴及直线 $2x + y = 2$ 所围成三角形区域 D 内的概率.

40. (2008 年考研数学)设随机变量 X 与 Y 相互独立,X 的概率分布为

$P(X=i)=\dfrac{1}{3}, i=-1,0,1,Y$ 的概率密度函数为 $f_Y(y)=\begin{cases}1, & 0\leqslant y<1 \\ 0, & \text{其他}\end{cases}$,

记 $Z=X+Y$. 求：(1) $P\left(Z\leqslant\dfrac{1}{2}\mid X=0\right)$;(2) Z 的概率密度.

41. （2010 年考研数学）二维随机变量 (X,Y) 的概率密度为 $f(x,y)=Ae^{-2x^2+2xy-y^2}$, $x\in R,y\in R$. 求：(1) 常数 A;(2) 条件概率密度 $f(y\mid x)$.

42. （2005 年 2+2）随机变量 X 与 Y 相互独立, X 服从参数为 2 的指数分布, Y 服从 $[1,3]$ 上的均匀分布. 求：(1) (X,Y) 的联合密度函数;(2) 概率值 $P(X+Y\leqslant3)$.

第4章 随机变量的数字特征

前两章讨论了随机变量的分布函数、分布律或概率密度等,使得随机变量的概率特性得以完整描述.但在一些实际问题中,不需要全面考察随机变量的变化情况,而只需从某些侧面概括地把握随机变量的取值特征.例如,在测量某零件长度时,由于种种偶然因素的影响,零件长度的测量结果是一个随机变量,一般关心的是这个零件的平均长度以及测量结果的精确程度.由此可见,与随机变量有关的某些数值,虽然不能完整地描述随机变量,但能描述随机变量在某些方面的重要特征.随机变量的数字特征是通过平均值的运算描述随机变量取值的平均状况、离散程度以及二维随机变量的两个分量在线性意义上的联系.这些称为数学期望、方差和相关系数的数字特征以简捷的方式反映了随机变量的一些分布特征,在理论和实践上都有重要的意义,是研究概率统计问题的重要工具.

§4.1 数学期望

在反映整体的数量特征时,平均值是人们经常用到的数量指标,而求一个随机变量的平均值时,不单单要考虑随机变量取值的大小,还要考虑它取值的概率规律.数学期望就是反映随机变量在其概率结构下的平均取值,是随机变量最基本而重要的数字特征.

4.1.1 随机变量的数学期望

首先我们看一个例子.

例 4.1.1 对甲、乙两个射击运动员以往大量的射击成绩统计分析如下:

甲:

X	8	9	10
P	0.4	0.2	0.4

乙:

Y	8	9	10
P	0.1	0.7	0.2

问谁的射击技术较好?

虽然已知 X 和 Y 的分布律,但要回答"哪一个技术较好"的问题并不那么直观,为此,设甲和乙分别射击了 n 次,比较他们的总环数和平均环数.

甲：$(8 \times n \times 0.4 + 9 \times n \times 0.2 + 10 \times n \times 0.4)/n = 9.0$；

乙：$(8 \times n \times 0.1 + 9 \times n \times 0.7 + 10 \times n \times 0.2)/n = 9.1$.

可知，乙的技术比甲要好一些.

事实上，上面的运算是：

$$8 \times 0.4 + 9 \times 0.2 + 10 \times 0.4 = 9.0;$$

及
$$8 \times 0.1 + 9 \times 0.7 + 10 \times 0.2 = 9.1.$$

9.0 和 9.1 就是 X 和 Y 的数学期望.

定义 4.1.1 设 X 是一个离散型随机变量，分布律为 $P(X = x_i) = p_i$，$i = 1, 2, \cdots$，称 $\sum_{i=1}^{\infty} x_i P(X = x_i) = \sum_{i=1}^{\infty} x_i p_i$（若 $\sum_{i=1}^{\infty} x_i p_i$ 绝对收敛）为离散型随机变量 X 的**数学期望**，简称为**期望**或**均值**，记为 $E(X)$，即

$$E(X) = \sum_{i=1}^{\infty} x_i P(X = x_i) = \sum_{i=1}^{\infty} x_i p_i.$$

例 4.1.2 随机变量 X 描述掷骰子的结果，求 $E(X)$.

解 随机变量 X 的分布律为

X	1	2	3	4	5	6
P	$\frac{1}{6}$	$\frac{1}{6}$	$\frac{1}{6}$	$\frac{1}{6}$	$\frac{1}{6}$	$\frac{1}{6}$

则 $E(X) = 1 \times \frac{1}{6} + 2 \times \frac{1}{6} + 3 \times \frac{1}{6} + 4 \times \frac{1}{6} + 5 \times \frac{1}{6} + 6 \times \frac{1}{6} = \frac{7}{2}$.

例 4.1.3 某种商品即将投放市场，根据市场调查估计每件产品有 60% 的把握按定价售出，20% 的把握打折售出及 20% 的可能性低价甩出. 上述三种情况下，每件产品的利润分别为 5 元、2 元和 −4 元. 问厂家对每件产品可期望获利多少？

解 设每件产品的利润为 X，X 的分布律为：

X	5	2	−4
P	0.6	0.2	0.2

则每件产品期望利润为 $E(X) = 5 \times 0.6 + 2 \times 0.2 + (-4) \times 0.2 = 2.6$ 元.

例 4.1.4 盒中有 5 只球，3 白 2 黑，现从中任取 2 只，用随机变量 X 表示取到的 2 只球中黑球的个数，求 $E(X)$.

解 随机变量 X 的分布律为：

X	0	1	2
P	$\dfrac{3}{10}$	$\dfrac{3}{5}$	$\dfrac{1}{10}$

则 $E(X) = 0 \times \dfrac{3}{10} + 1 \times \dfrac{3}{5} + 2 \times \dfrac{1}{10} = \dfrac{4}{5}$.

例 4.1.5　二维随机变量 (X,Y) 的联合分布律如下:

X \ Y	0	1	2
1	$\dfrac{1}{3}$	$\dfrac{1}{6}$	$\dfrac{1}{12}$
2	$\dfrac{1}{12}$	$\dfrac{1}{3}$	0

求 $E(Y)$.

解　随机变量 Y 的分布律为:

Y	0	1	2
P	$\dfrac{5}{12}$	$\dfrac{1}{2}$	$\dfrac{1}{12}$

则 $E(Y) = 0 \times \dfrac{5}{12} + 1 \times \dfrac{1}{2} + 2 \times \dfrac{1}{12} = \dfrac{2}{3}$.

参照离散型随机变量的数学期望定义,可以定义连续型随机变量的数学期望.

定义 4.1.2　设 X 为一个连续型随机变量,概率密度函数为 $f(x)$,称 $\displaystyle\int_{-\infty}^{+\infty} xf(x)\mathrm{d}x$ (若 $\displaystyle\int_{-\infty}^{+\infty} xf(x)\mathrm{d}x$ 绝对收敛)为连续型随机变量 X 的**数学期望**,记为 $E(X)$,即 $E(X) = \displaystyle\int_{-\infty}^{+\infty} xf(x)\mathrm{d}x$.

注:一个随机变量的数学期望若存在则为一个常数,它表示的是随机变量取值的平均,与一般的算术平均值不同,它是以概率为权的加权平均.

例 4.1.6　随机变量 $X \sim f(x) = \begin{cases} 2x, & 0 \leqslant x \leqslant 1 \\ 0, & \text{其他} \end{cases}$,求 $E(X)$.

解　$E(X) = \displaystyle\int_{-\infty}^{+\infty} xf(x)\mathrm{d}x = \int_0^1 x \times 2x\,\mathrm{d}x = \dfrac{2}{3}$.

例 4.1.7　随机变量 $X \sim f(x) = \begin{cases} \cos x, & 0 \leqslant x \leqslant \dfrac{\pi}{2} \\ 0, & \text{其他} \end{cases}$,求 $E(X)$.

解 $E(X) = \int_{-\infty}^{+\infty} x f(x) \mathrm{d}x = \int_0^{\frac{\pi}{2}} x \cos x \mathrm{d}x = \frac{\pi}{2} - 1.$

4.1.2 几种常见随机变量的期望

1. 参数为 p 的 0-1 分布：$X \sim B(1, p)$
$$E(X) = 0 \times (1-p) + 1 \times p = p.$$

2. 参数为 n, p 的二项分布：$X \sim B(n, p)$
$$E(X) = \sum_{k=0}^{n} k P(X = k) = \sum_{k=0}^{n} k C_n^k p^k (1-p)^{n-k} = np.$$

3. 参数为 λ 的泊松分布：$X \sim P(\lambda)$
$$E(X) = \sum_{k=0}^{\infty} k P(X=k) = \sum_{k=0}^{\infty} k \cdot \frac{\lambda^k}{k!} \mathrm{e}^{-\lambda} = \sum_{k=1}^{\infty} \frac{\lambda \cdot \lambda^{k-1}}{(k-1)!} \mathrm{e}^{-\lambda}$$
$$= \lambda \cdot \mathrm{e}^{\lambda} \cdot \mathrm{e}^{-\lambda} = \lambda.$$

4. 区间 $[a, b]$ 上服从均匀分布：$X \sim U[a, b]$
$$E(X) = \int_{-\infty}^{+\infty} x f(x) \mathrm{d}x = \int_a^b x \times \frac{1}{b-a} \mathrm{d}x = \frac{a+b}{2}.$$

5. 参数为 λ 的指数分布：$X \sim E(\lambda)$
$$E(X) = \int_{-\infty}^{+\infty} x f(x) \mathrm{d}x = \int_0^{+\infty} x \lambda \mathrm{e}^{-\lambda x} \mathrm{d}x = \frac{1}{\lambda} = \lambda^{-1}.$$

6. 参数为 μ, σ^2 的正态分布：$X \sim N(\mu, \sigma^2)$
$$E(X) = \int_{-\infty}^{+\infty} x f(x) \mathrm{d}x = \int_{-\infty}^{+\infty} x \frac{1}{\sqrt{2\pi}\sigma} \mathrm{e}^{-\frac{(x-\mu)^2}{2\sigma^2}} \mathrm{d}x,$$

令 $\dfrac{x-\mu}{\sigma} = t, x = \sigma t + u, \mathrm{d}x = \sigma \mathrm{d}t,$

$$E(X) = \int_{-\infty}^{+\infty} (\sigma t + \mu) \frac{1}{\sqrt{2\pi}\sigma} \mathrm{e}^{-\frac{t^2}{2}} \sigma \mathrm{d}t = \frac{1}{\sqrt{2\pi}} \int_{-\infty}^{+\infty} (\sigma t + \mu) \mathrm{e}^{-\frac{t^2}{2}} \mathrm{d}t$$

$$= \frac{1}{\sqrt{2\pi}} \int_{-\infty}^{+\infty} \sigma t \mathrm{e}^{-\frac{t^2}{2}} \mathrm{d}t + \frac{1}{\sqrt{2\pi}} \int_{-\infty}^{+\infty} u \mathrm{e}^{-\frac{t^2}{2}} \mathrm{d}t$$

$$= \frac{\sigma}{\sqrt{2\pi}} \int_{-\infty}^{+\infty} t \mathrm{e}^{-\frac{t^2}{2}} \mathrm{d}t + \frac{\mu}{\sqrt{2\pi}} \int_{-\infty}^{+\infty} \mathrm{e}^{-\frac{t^2}{2}} \mathrm{d}t$$

$$= \frac{\sigma}{\sqrt{2\pi}} (-\mathrm{e}^{-\frac{t^2}{2}}) \Big|_{-\infty}^{+\infty} + \frac{\mu}{\sqrt{2\pi}} \times \sqrt{2\pi} = \mu.$$

4.1.3 随机变量函数的数学期望

在实际问题中，我们考虑的不仅是一个随机变量的数学期望，还要考虑随机变量函数的数学期望. 关于随机变量函数的期望我们有如下结论，有些结论的证明超出了本课程的范围，不做要求.

1. 设 X 是一个离散型随机变量,分布律为 $P(X = x_i) = p_i, i = 1, 2, \cdots,$ $Y = g(X)$,则 Y 的数学期望为:

$$E(Y) = E[g(X)] = \sum_{i=1}^{\infty} g(x_i) P[Y = g(x_i)]$$

$$= \sum_{i=1}^{\infty} g(x_i) P(X = x_i) = \sum_{i=1}^{\infty} g(x_i) p_i.$$

例 4.1.8　随机变量 X 的分布律如下,$Y = g(X) = X^2 + X$,$Z = 2X + 1$,

X	8	9	10
P	0.1	0.8	0.1

求 $E(Y), E(Z)$.

解　随机变量 Y 的分布律为:

Y	72	90	110
P	0.1	0.8	0.1

$$E(Y) = 72 \times 0.1 + 90 \times 0.8 + 110 \times 0.1 = 90.2.$$

随机变量 Z 的分布律为:

Z	17	19	21
P	0.1	0.8	0.1

$$E(Z) = 17 \times 0.1 + 19 \times 0.8 + 21 \times 0.1 = 19.$$

2. 设 X 是一个连续型随机变量,$X \sim f_X(x)$,$Y = g(X)$,则 Y 的数学期望为:

$$E(Y) = E[g(X)] = \int_{-\infty}^{+\infty} g(x) f_X(x) \mathrm{d}x.$$

注:这个公式的好处在于不用求出 Y 的密度函数,而是利用随机变量 X 的密度函数及函数关系直接求 Y 的期望.

例 4.1.9　$X \sim f_X(x) = \begin{cases} 2x, & 0 \leqslant x \leqslant 1 \\ 0, & \text{其他} \end{cases}$,$Y = X^2$,求 $E(Y)$.

解　设 $Y = g(X) = X^2$,$E(Y) = E(X^2) = \int_{-\infty}^{+\infty} x^2 f_X(x) \mathrm{d}x = \int_0^1 x^2 2x \mathrm{d}x = \dfrac{1}{2}$.

例 4.1.10　某商品销售量 $X \sim U[10, 30]$,进货量 n 是 $10 \sim 30$ 的某一个数,每销售一单位商品,获利 500 元. 若供大于求,每积压一单位商品,损失 100 元;若供不应求,可按需调剂,每单位能获利 400 元. 为使获利的期望值达到最大,进货量 n 应为多少?

解 首先 $X \sim f_X(x) = \begin{cases} \dfrac{1}{20}, & 10 \leqslant x \leqslant 30 \\ 0, & \text{其他} \end{cases}$，设利润为 Y.

当 $X \leqslant n$ 时，$Y = 500X - 100(n-X)$；当 $X > n$ 时，$Y = 500n + 400(X-n)$.

即 $Y = g(X) = \begin{cases} 500X - 100(n-X), & 10 \leqslant X \leqslant n \\ 500n + 400(X-n), & 30 \geqslant X > n \end{cases}$；

利润 Y 的期望：

$$E(Y) = \int_{-\infty}^{+\infty} g(x)f_X(x)\mathrm{d}x = \int_{10}^{30} \frac{1}{20}g(x)\mathrm{d}x$$

$$= \int_{10}^{n} \frac{1}{20}\big[500x - 100(n-x)\big]\mathrm{d}x + \int_{n}^{30} \frac{1}{20}\big[500n + 400(x-n)\big]\mathrm{d}x$$

$$= -5n^2 + 200n + 7500.$$

上式对 n 求导并令导数等于 0，得 $n = 20$ 即进货量为 20 单位时，期望利润达到最大.

下面介绍随机变量的**矩**的概念，它们都是随机变量函数的期望.

定义 4.1.3 设 X 为随机变量，若 $E(X^k)$ 存在，$k = 1, 2, \cdots$，则称 $E(X^k)$ 为 X 的 k **阶原点矩**.

定义 4.1.4 设 X 为随机变量，$E(X)$ 存在，若 $E[X - E(X)]^k$ 存在，$k = 1, 2, \cdots$，则称 $E[X - E(X)]^k$ 为 X 的 k **阶中心矩**.

注：数学期望为一阶原点矩，方差为二阶中心矩.

3. 设 (X, Y) 是二维离散型随机变量，联合分布律为 $P(X = x_i, Y = y_j) = p_{ij}$，$i, j = 1, 2, \cdots$，$Z = g(X, Y)$，则 Z 的数学期望为：

$$E(Z) = E[g(X, Y)] = \sum_{i=1}^{\infty} \sum_{j=1}^{\infty} g(x_i, y_j)P[Z = g(x_i, y_j)]$$

$$= \sum_{i=1}^{\infty} \sum_{j=1}^{\infty} g(x_i, y_j)P(X = x_i, Y = y_j) = \sum_{i=1}^{\infty} \sum_{j=1}^{\infty} g(x_i, y_j)p_{ij}.$$

例 4.1.11 二维随机变量 (X, Y) 的联合分布律如下：

X \ Y	0	1	2
0	$\dfrac{1}{12}$	$\dfrac{1}{6}$	$\dfrac{1}{12}$
1	$\dfrac{1}{3}$	$\dfrac{1}{6}$	$\dfrac{1}{6}$

$Z_1 = X + Y$，$Z_2 = XY$，求 $E(Z_1)$ 和 $E(Z_2)$.

解 随机变量 Z_1 的分布律为：

Z_1	0	1	2	3
P	$\frac{1}{12}$	$\frac{1}{2}$	$\frac{1}{4}$	$\frac{1}{6}$

$$E(Z_1) = 0 \times \frac{1}{12} + 1 \times \frac{1}{2} + 2 \times \frac{1}{4} + 3 \times \frac{1}{6} = \frac{3}{2}.$$

随机变量 Z_2 的分布律为:

Z_2	0	1	2
P	$\frac{2}{3}$	$\frac{1}{6}$	$\frac{1}{6}$

$$E(Z_2) = 0 \times \frac{2}{3} + 1 \times \frac{1}{6} + 2 \times \frac{1}{6} = \frac{1}{2}.$$

4. 设二维连续型随机变量 (X, Y) 的联合概率密度函数为 $f(x, y)$, $Z = g(X, Y)$, 则 Z 的数学期望为:

$$E(Z) = E[g(X, Y)] = \int_{-\infty}^{+\infty} \int_{-\infty}^{+\infty} g(x, y) f(x, y) \mathrm{d}x \mathrm{d}y.$$

例 4.1.12 二维随机变量

$$(X, Y) \sim f(x, y) = \begin{cases} \frac{1}{8}(x + y), & 0 \leqslant x \leqslant 2, 0 \leqslant y \leqslant 2, \\ 0, & \text{其他} \end{cases},$$

求 $E(X)$ 及 $E(XY)$.

解 随机变量 X 的边缘密度函数为

$$f_X(x) = \int_{-\infty}^{+\infty} f(x, y) \mathrm{d}y = \begin{cases} \frac{1}{4}x + \frac{1}{4}, & 0 \leqslant x \leqslant 2, \\ 0, & \text{其他} \end{cases},$$

$$E(X) = \int_{-\infty}^{+\infty} x f_X(x) \mathrm{d}x = \int_0^2 x \times \left(\frac{1}{4}x + \frac{1}{4}\right) \mathrm{d}x = \frac{7}{6},$$

$$E(XY) = \int_{-\infty}^{+\infty} \int_{-\infty}^{+\infty} xy f(x, y) \mathrm{d}x \mathrm{d}y = \int_0^2 \int_0^2 xy \times \frac{1}{8}(x + y) \mathrm{d}x \mathrm{d}y = \frac{4}{3}.$$

4.1.4 条件期望

1. 离散型

定义 4.1.5 (X, Y) 是离散型二维随机变量, 联合分布律为 $P(X = x_i, Y = y_j) = p_{ij}, i, j = 1, 2, \cdots,$

若对于固定的 j, $P(Y = y_j) > 0$, 则称 $E(X \mid Y = y_j) = \sum_i x_i P(X = x_i \mid Y = y_j)$ 为在 $Y = y_j$ 条件下 X 的**条件期望**;

若对于固定的 i，$P(X = x_i) > 0$，则称 $E(Y \mid X = x_i) = \sum_j y_j P(Y = y_j \mid X = x_i)$ 为在 $X = x_i$ 条件下 Y 的**条件期望**.

例 4.1.13　二维随机变量 (X,Y) 的联合分布律如下：

Y \ X	0	1	2
1	$\frac{1}{3}$	$\frac{1}{6}$	$\frac{1}{12}$
2	$\frac{1}{12}$	$\frac{1}{3}$	0

求在 $Y = 1$ 条件下 X 的条件期望.

解　$E(X \mid Y = 1) = 0 \times P(X = 0 \mid Y = 1) + 1 \times P(X = 1 \mid Y = 1) + 2 \times P(X = 2 \mid Y = 1)$

$$= 0 \times \frac{P(X = 0, Y = 1)}{P(Y = 1)} + 1 \times \frac{P(X = 1, Y = 1)}{P(Y = 1)} + 2 \times \frac{P(X = 2, Y = 1)}{P(Y = 1)}$$

$$= 0 \times \frac{\frac{1}{3}}{\frac{7}{12}} + 1 \times \frac{\frac{1}{6}}{\frac{7}{12}} + 2 \times \frac{\frac{1}{12}}{\frac{7}{12}} = \frac{4}{7}.$$

2. 连续型

定义 4.1.6　(X,Y) 是二维连续型随机变量，联合概率密度为 $f(x,y)$，称

$$E(X \mid y) = \int_{-\infty}^{+\infty} x f(x \mid y) \mathrm{d}x$$ 为在 $Y = y$ 条件下 X 的**条件期望**；

$$E(Y \mid x) = \int_{-\infty}^{+\infty} y f(y \mid x) \mathrm{d}y$$ 为在 $X = x$ 条件下 Y 的**条件期望**.

其中 $f(x \mid y)$ 为在 $Y = y$ 条件下 X 的条件概率密度，$f(y \mid x)$ 为在 $X = x$ 条件下 Y 的条件概率密度.

这里用一个实例解释连续型随机变量的条件期望. 中国在校大学生男生的身高和体重分别记为 X（单位：cm）和 Y（单位：kg），二维连续型随机变量 $(X,Y) \sim N(\mu_1, \mu_2, \sigma_1^2, \sigma_2^2, \rho)$，期望 $E(X)$ 表示在校大学生男生的平均身高，条件期望 $E(X \mid 70)$ 表示体重为 70kg 的在校大学生男生的平均身高，显然两者的实际含义是不同的.

4.1.5　数学期望的性质

上面我们给出了数学期望的定义和计算公式，说明了数学期望的实际意

义,现在讨论数学期望的性质,并归纳几种求数学期望的方法.值得注意的是随机变量的数学期望只要存在就可看做一个常数.以下 C,a,b,k 均为常数.

性质 1 $E(C) = C.$

证明 常量 C 可看作是以概率 1 只取一个值 C 的随机变量,所以 $E(C) = C \times 1 = C.$

性质 2 $E(X \pm C) = E(X) \pm C.$

证明 这里证明连续型的情形,离散型的情形请读者自己证明.

设连续型随机变量 $X \sim f(x), X \pm C = g(X),$

$$E(X \pm C) = \int_{-\infty}^{+\infty} (x \pm C) f(x) \mathrm{d}x = \int_{-\infty}^{+\infty} xf(x)\mathrm{d}x \pm \int_{-\infty}^{+\infty} Cf(x)\mathrm{d}x$$
$$= E(X) \pm C.$$

性质 3 $E(CX) = CE(X).$

证明 这里证明离散型的情形,连续型的情形请读者自己证明.

设 X 是一个离散型随机变量,分布律为 $P(X = x_i) = p_i, i = 1,2,\cdots,$ $CX = g(X),$ 则 $P(CX = Cx_i) = p_i,$

$$E(CX) = \sum_{i=1}^{\infty} Cx_i P(CX = Cx_i) = C\sum_{i=1}^{\infty} x_i p_i = CE(X).$$

性质 4 $E(kX \pm b) = kE(X) \pm b.$

性质 5 $E(X \pm Y) = E(X) \pm E(Y).$

证明 这里证明连续型的情形,离散型的情形请读者自己证明.

设二维连续型随机变量 $(X,Y) \sim f(x,y), g(X,Y) = X \pm Y,$ 则

$$E(X \pm Y) = \int_{-\infty}^{+\infty} \int_{-\infty}^{+\infty} (x \pm y) f(x,y) \mathrm{d}x\mathrm{d}y$$
$$= \int_{-\infty}^{+\infty} \int_{-\infty}^{+\infty} xf(x,y)\mathrm{d}y\mathrm{d}x \pm \int_{-\infty}^{+\infty} \int_{-\infty}^{+\infty} yf(x,y)\mathrm{d}x\mathrm{d}y$$
$$= \int_{-\infty}^{+\infty} x\Big[\int_{-\infty}^{+\infty} f(x,y)\mathrm{d}y\Big]\mathrm{d}x \pm \int_{-\infty}^{+\infty} y\Big[\int_{-\infty}^{+\infty} f(x,y)\mathrm{d}x\Big]\mathrm{d}y$$
$$= \int_{-\infty}^{+\infty} xf_X(x)\mathrm{d}x \pm \int_{-\infty}^{+\infty} yf_Y(y)\mathrm{d}y$$
$$= E(X) \pm E(Y).$$

此性质可推广到 n 个随机变量 $X_1, X_2, \cdots, X_n$:

$$E(X_1 \pm X_2 \pm \cdots \pm X_n) = E(X_1) \pm E(X_2) \pm \cdots \pm E(X_n).$$

性质 6 若随机变量 X 与 Y 相互独立,则 $E(XY) = E(X)E(Y).$

证明 这里证明连续型的情形,离散型的情形请读者自己证明.

设二维连续型随机变量 $(X,Y) \sim f(x,y), g(X,Y) = XY,$ 则

$$E(XY) = \int_{-\infty}^{+\infty} \int_{-\infty}^{+\infty} xyf(x,y)\mathrm{d}x\mathrm{d}y,$$

因为 X 与 Y 相互独立,即 $f(x,y) = f_X(x)f_Y(y)$,

所以
$$E(XY) = \int_{-\infty}^{+\infty} \int_{-\infty}^{+\infty} xy f_X(x) f_Y(y) \mathrm{d}y \mathrm{d}x$$
$$= \int_{-\infty}^{+\infty} x f_X(x) \left[\int_{-\infty}^{+\infty} y f_Y(y) \mathrm{d}y \right] \mathrm{d}x$$
$$= \int_{-\infty}^{+\infty} x f_X(x) \mathrm{d}x \int_{-\infty}^{+\infty} y f_Y(y) \mathrm{d}y$$
$$= E(X) E(Y).$$

推广:设随机变量 $X_1, X_2, \cdots, X_n$ 相互独立,则 $E(X_1 X_2 \cdots X_n) = E(X_1) E(X_2) \cdots E(X_n)$.

注:独立性是上述性质 6 成立的充分非必要条件.

例 4.1.14 设随机变量 $X \sim f_X(x) = \begin{cases} 2x, & 0 \leqslant x \leqslant 1 \\ 0, & \text{其他} \end{cases}$,求 $E(X^2 - 2X + 1)$.

解 本题有两种解法.

方法一 看做随机变量 X 的函数 $g(X) = X^2 - 2X + 1$ 的期望计算:
$$E(X^2 - 2X + 1) = \int_{-\infty}^{+\infty} (x^2 - 2x + 1) f_X(x) \mathrm{d}x$$
$$= \int_0^1 (x^2 - 2x + 1) 2x \mathrm{d}x = \frac{1}{6}.$$

方法二 利用数学期望的性质计算:
$$E(X^2 - 2X + 1) = E(X^2) - 2E(X) + 1$$
$$= \int_0^1 x^2 \times 2x \mathrm{d}x - 2 \int_0^1 x \times 2x \mathrm{d}x + 1 = \frac{1}{6}.$$

例 4.1.15 一颗均匀的骰子,连掷 6 次,用 Y 表示 6 次的点数之和,求 $E(Y)$.

解 如果本题先求出 Y 的分布律再求 Y 的期望会很困难,但用数学期望的性质计算会非常简便.

设 X_i 为第 i 次掷得的点数,则 $E(X_i) = \frac{7}{2}, i = 1, 2, 3, 4, 5, 6$.

6 次的点数之和 $Y = X_1 + X_2 + \cdots + X_6$,

所以 $E(Y) = E(X_1) + E(X_2) + \cdots + E(X_6) = 21$.

§4.2 方差

数学期望反映了随机变量在概率分布下的平均取值,却不能反映随机变量分布的分散或集中的状况,如例 4.2.1.

例 4.2.1 随机变量 X 和 Y 表示两班的考试成绩(简化为离散型),分布律如下:

X	50	60	70	80	90
P	0	0.2	0.5	0.3	0

Y	50	60	70	80	90
P	0.1	0.3	0.2	0.2	0.2

由期望计算可知 $E(X) = E(Y) = 71$,即两个班级考试成绩的平均分都是 71 分,但两个班级的成绩分布状况是明显不同的.因此仅从期望值不能完全说明随机变量的分布特征,要研究随机变量对期望的离散程度.

要描述随机变量 X 的取值偏离数学期望 $E(X)$ 的程度,一个很自然的想法是用**离差** $X - E(X)$ 来描述.但在计算离差的平均值而取期望时,出现了离差的期望为 0 的结果(显然 $E[X - E(X)] = 0$),因此引出方差的定义.

4.2.1　方差的定义

定义 4.2.1　设 X 为随机变量,若 $E[X - E(X)]^2$ 存在,则称 $E[X - E(X)]^2$ 为 X 的**方差**,记为 $D(X)$,即 $D(X) = E[X - E(X)]^2$,并将 $\sqrt{D(X)}$ 称为 X 的**标准差**.

注:(1) 方差的本质是一个数学期望,因此若存在则也是一个常数.

(2) 方差描述随机变量的取值偏离数学期望的程度,方差越大,随机变量的取值相对数学期望越分散;方差越小,随机变量的取值越集中在数学期望的附近.

4.2.2　方差的计算公式

由方差的定义知道,方差是随机变量的函数 $g(X) = [X - E(X)]^2$ 的期望.因此由随机变量函数的期望计算公式可得方差的计算公式.

离散型随机变量方差计算公式:X 是一个离散型随机变量,分布律为 $P(X = x_i) = p_i, i = 1, 2, \cdots,$

$$D(X) = \sum_{i=1}^{\infty} [x_i - E(X)]^2 P(X = x_i) = \sum_{i=1}^{\infty} [x_i - E(X)]^2 p_i.$$

连续型随机变量方差计算公式:X 为一个连续型随机变量,概率密度为 $f_X(x)$,则

$$D(X) = \int_{-\infty}^{+\infty} [x - E(X)]^2 f_X(x) \mathrm{d}x.$$

此外,由数学期望的性质,我们可以得到计算方差更常用的公式:
$$D(X) = E(X^2) - [E(X)]^2.$$

例 4.2.2 设随机变量 X 描述掷骰子的结果,用两个公式分别求 $D(X)$.

解 随机变量 X 的分布律为:

X	1	2	3	4	5	6
P	$\frac{1}{6}$	$\frac{1}{6}$	$\frac{1}{6}$	$\frac{1}{6}$	$\frac{1}{6}$	$\frac{1}{6}$

则 $E(X) = 1 \times \frac{1}{6} + 2 \times \frac{1}{6} + 3 \times \frac{1}{6} + 4 \times \frac{1}{6} + 5 \times \frac{1}{6} + 6 \times \frac{1}{6} = \frac{7}{2}$.

公式一　$D(X) = \sum_{i=1}^{6} \left(i - \frac{7}{2}\right)^2 \times \frac{1}{6} = \frac{35}{12}$;

公式二　$E(X^2) = 1 \times \frac{1}{6} + 4 \times \frac{1}{6} + 9 \times \frac{1}{6} + 16 \times \frac{1}{6} + 25 \times \frac{1}{6} + 36 \times \frac{1}{6}$

$\qquad = \frac{91}{6}$,

$\qquad D(X) = E(X^2) - [E(X)]^2 = \frac{91}{6} - \left(\frac{7}{2}\right)^2 = \frac{35}{12}$.

例 4.2.3 设随机变量 X 在区间 (a,b) 上服从均匀分布,用两个公式分别求 $D(X)$.

解　$X \sim U(a,b), E(X) = \int_{-\infty}^{+\infty} x f(x) \mathrm{d}x = \int_a^b x \times \frac{1}{b-a} \mathrm{d}x = \frac{a+b}{2}$.

公式一　$D(X) = \int_{-\infty}^{+\infty} \left(x - \frac{a+b}{2}\right)^2 f(x) \mathrm{d}x = \int_a^b \left(x - \frac{a+b}{2}\right)^2 \frac{1}{b-a} \mathrm{d}x$

$\qquad = \frac{(b-a)^2}{12}$;

公式二　$E(X^2) = \int_{-\infty}^{+\infty} x^2 f(x) \mathrm{d}x = \int_a^b x^2 \frac{1}{b-a} \mathrm{d}x = \frac{a^2 + ab + b^2}{3}$,

$\qquad D(X) = E(X^2) - [E(X)]^2 = \frac{a^2 + ab + b^2}{3} - \left(\frac{a+b}{2}\right)^2$

$\qquad = \frac{(b-a)^2}{12}$.

4.2.3　几种常见随机变量的方差

1. 参数为 p 的 0-1 分布: $X \sim B(1,p)$

$\qquad E(X) = 0 \times (1-p) + 1 \times p = p, E(X^2) = 0 \times (1-p) + 1 \times p = p$,

$\qquad D(X) = E(X^2) - [E(X)]^2 = p - p^2 = p(1-p)$,

即 $X \sim B(1,p), E(X) = p, D(X) = p(1-p)$.

2. 参数为 n, p 二项分布: $X \sim B(n,p)$

$\qquad E(X) = \sum_{k=0}^{n} k P(X=k) = \sum_{k=0}^{n} k C_n^k p^k (1-p)^{n-k} = np$,

$$E(X^2) = \sum_{k=0}^{n} k^2 C_n^k p^k (1-p)^{n-k}$$

$$= \sum_{k=1}^{n} k^2 \frac{n!}{k!(n-k)!} p^k (1-p)^{n-k}$$

$$= \sum_{k=1}^{n} \big[(k-1)+1\big] \frac{n!}{(k-1)!(n-k)!} p^k (1-p)^{n-k}$$

$$= \sum_{k=1}^{n} (k-1)k \frac{n!}{k!(n-k)!} p^k (1-p)^{n-k} + \sum_{k=1}^{n} k C_n^k p^k (1-p)^{n-k}$$

$$= \sum_{k=2}^{n} \frac{n!}{(k-2)!(n-k)!} p^k (1-p)^{n-k} + E(X)$$

$$\xlongequal{k'=k-2} n(n-1)p^2 \sum_{k'=0}^{n} \frac{(n-1)!}{k'!(n-2-k')!} p^{k'} (1-p)^{n-2-k'} + np$$

$$= n(n-1)p^2 + np = np(1-p) + n^2 p^2,$$

$$D(X) = E(X^2) - [E(X)]^2 = np(1-p),$$

即 $X \sim B(n,p)$，$E(X) = np$，$D(X) = np(1-p)$.

3. 参数为 λ 的泊松分布：$X \sim P(\lambda)$

$$E(X) = \sum_{k=0}^{\infty} k P(X=k) = \sum_{k=0}^{\infty} k \cdot \frac{\lambda^k}{k!} e^{-\lambda}$$

$$= \sum_{k=1}^{\infty} \frac{\lambda \cdot \lambda^{k-1}}{(k-1)!} e^{-\lambda} = \lambda \cdot e^{\lambda} \cdot e^{-\lambda} = \lambda,$$

$$E(X^2) = \sum_{k=0}^{\infty} k^2 \frac{\lambda^k}{k!} e^{-\lambda} = \sum_{k=0}^{\infty} (k-1+1)k \frac{\lambda^k}{k!} e^{-\lambda}$$

$$= \sum_{k=0}^{\infty} k(k-1) \frac{\lambda^k}{k!} e^{-\lambda} + \sum_{k=0}^{\infty} k \frac{\lambda^k}{k!} e^{-\lambda}$$

$$= \lambda^2 \sum_{k=2}^{\infty} \frac{\lambda^{k-2}}{(k-2)!} e^{-\lambda} + E(X) = \lambda^2 + \lambda,$$

$$D(X) = E(X^2) - [E(X)]^2 = \lambda,$$

即 $X \sim P(\lambda)$，$E(X) = \lambda$，$D(X) = \lambda$.

4. 区间 $[a,b]$ 上服从均匀分布：$X \sim U(a,b)$

$$E(X) = \frac{a+b}{2}, \quad D(X) = \frac{(b-a)^2}{12}.$$

5. 参数为 λ 的指数分布：$X \sim E(\lambda)$

$$E(X) = \int_{-\infty}^{+\infty} x f(x) \, dx = \int_{0}^{+\infty} x \lambda e^{-\lambda x} \, dx = \frac{1}{\lambda} = \lambda^{-1},$$

$$E(X^2) = \int_{-\infty}^{+\infty} x^2 f(x) \, dx = \int_{0}^{+\infty} x^2 \lambda e^{-\lambda x} \, dx = -\int_{0}^{+\infty} x^2 e^{-\lambda x} \, d(-\lambda x)$$

$$= -\int_{0}^{+\infty} x^2 \, d(e^{-\lambda x}) = -\Big[x^2 e^{-\lambda x} \Big|_{0}^{+\infty} - \int_{0}^{+\infty} e^{-\lambda x} 2x \, dx \Big]$$

$$= 2\int_0^{+\infty} x\mathrm{e}^{-\lambda x}\mathrm{d}x = -\frac{2}{\lambda}\int_0^{+\infty} x\mathrm{e}^{-\lambda x}\mathrm{d}(-\lambda x)$$

$$= -\frac{2}{\lambda}\int_0^{+\infty} x\mathrm{d}(\mathrm{e}^{-\lambda x}) = -\frac{2}{\lambda}\left[x\mathrm{e}^{-\lambda x}\Big|_0^{+\infty} - \int_0^{+\infty} \mathrm{e}^{-\lambda x}\mathrm{d}x\right]$$

$$= \frac{2}{\lambda}\int_0^{+\infty} \mathrm{e}^{-\lambda x}\mathrm{d}x = -\frac{2}{\lambda^2}\int_0^{+\infty} \mathrm{e}^{-\lambda x}\mathrm{d}(-\lambda x) = -\frac{2}{\lambda^2}\mathrm{e}^{-\lambda x}\Big|_0^{+\infty}$$

$$= -\frac{2}{\lambda^2}(0-1) = \frac{2}{\lambda^2},$$

$$D(X) = E(X^2) - [E(X)]^2 = \lambda^{-2},$$

即 $X \sim E(\lambda), E(X) = \lambda^{-1}, D(X) = \lambda^{-2}$.

6. 参数为 μ, σ^2 的正态分布：$X \sim N(\mu, \sigma^2)$

$$E(X) = \mu,$$

$$D(X) = \int_{-\infty}^{+\infty} [x - E(X)]^2 f(x)\mathrm{d}x = \int_{-\infty}^{+\infty} (x-\mu)^2 \frac{1}{\sqrt{2\pi}\sigma} \mathrm{e}^{-\frac{(x-\mu)^2}{2\sigma^2}}\mathrm{d}x,$$

令 $\dfrac{x-\mu}{\sigma} = t, x = \sigma t + u, \mathrm{d}x = \sigma \mathrm{d}t,$

$$D(X) = \int_{-\infty}^{+\infty} (\sigma t + \mu - \mu)^2 \frac{1}{\sqrt{2\pi}\sigma} \mathrm{e}^{-\frac{t^2}{2}}\sigma\mathrm{d}t = \int_{-\infty}^{+\infty} (\sigma t)^2 \frac{1}{\sqrt{2\pi}} \mathrm{e}^{-\frac{t^2}{2}}\mathrm{d}t = \sigma^2,$$

即 $X \sim N(\mu, \sigma^2), E(X) = \mu, D(X) = \sigma^2$.

注：常见分布的期望和方差结果非常重要，应熟记.

4.2.4 方差的性质

方差的定义本质是数学期望，可利用方差的定义及数学期望的性质证明方差的性质. 以下 C, k, b 表示常数.

性质 1 $D(C) = 0$.

性质 2 $D(X \pm C) = D(X)$.

性质 3 $D(CX) = C^2 D(X)$.

性质 4 $D(kX \pm b) = k^2 D(X)$.

性质 5 若随机变量 X 与 Y 相互独立，则 $D(X \pm Y) = D(X) + D(Y)$.

性质 5 可推广到 n 个随机变量：若随机变量 $X_1, X_2, \cdots, X_n$ 相互独立，则

$$D(X_1 \pm X_2 \pm \cdots \pm X_n) = D(X_1) + D(X_2) + \cdots + D(X_n).$$

注：独立性是上述性质 5 成立的充分非必要条件.

证明 这里只证明性质 3 和性质 5，其他性质可类似证明.

性质 3 $D(CX) = E[CX - E(CX)]^2$

$$= E[CX - CE(X)]^2 = C^2 E[X - E(X)]^2 = C^2 D(X).$$

性质 5 $D(X+Y) = E\{(X+Y) - [E(X+Y)]\}^2$

$$= E\{[X - E(X)] + [Y - E(Y)]\}^2$$

$$= E\{[X-E(X)]^2+[Y-E(Y)]^2+2[X-E(X)][Y-E(Y)]\}$$
$$= E[X-E(X)]^2+E[Y-E(Y)]^2+2E\{[X-E(X)][Y-E(Y)]\}.$$

由 X 与 Y 相互独立知 $E(XY)=E(X)E(Y)$，所以

$$E\{[X-E(X)][Y-E(Y)]\}$$
$$= E\{[XY-XE(Y)-YE(X)+E(X)E(Y)]\}$$
$$= E(XY)-E(X)E(Y)-E(Y)E(X)+E(X)E(Y)$$
$$= 0,$$

所以，当随机变量 X 与 Y 相互独立时，$D(X+Y)=D(X)+D(Y)$. 再由性质 3，
$D(X-Y)=D(X)+D(-Y)=D(X)+D(Y)$.

例 4.2.4　（标准化的随机变量）设随机变量 X 的期望 $E(X)$ 和方差 $D(X)$ 存在，且 $D(X)>0$，$X^*=\dfrac{X-E(X)}{\sqrt{D(X)}}$，利用期望和方差的性质证明 X^* 的期望为 0，方差为 1.

证明　$E(X^*)=E\left[\dfrac{X-E(X)}{\sqrt{D(X)}}\right]=E\left[\dfrac{X}{\sqrt{D(X)}}\right]-E\left[\dfrac{E(X)}{\sqrt{D(X)}}\right]=0,$

$$D(X^*)=D\left[\dfrac{X-E(X)}{\sqrt{D(X)}}\right]=D\left[\dfrac{X}{\sqrt{D(X)}}\right]=1.$$

例 4.2.5　设 $X_1,X_2,\cdots,X_n$ 相互独立，$E(X_i)=a$，$D(X_i)=b^2$，$i=1,2,\cdots,n$，求 $\overline{X}=\dfrac{1}{n}\sum\limits_{i=1}^{n}X_i$ 的期望和方差.

解　$E(\overline{X})=E\left(\dfrac{1}{n}\sum\limits_{i=1}^{n}X_i\right)=\dfrac{1}{n}\sum\limits_{i=1}^{n}E(X_i)=a,$

由 $X_1,X_2,\cdots,X_n$ 相互独立，$D(\overline{X})=D\left(\dfrac{1}{n}\sum\limits_{i=1}^{n}X_i\right)=\dfrac{1}{n^2}\sum\limits_{i=1}^{n}D(X_i)=\dfrac{b^2}{n}.$

§4.3　协方差与相关系数

对于二维随机变量 (X,Y)，我们除了讨论 X 与 Y 的数学期望和方差以外，还需要讨论 X 与 Y 之间的相互关系的数字特征. 本节讨论的协方差与相关系数是描述二维随机变量 (X,Y) 中两个分量 X 与 Y 之间的线性关系的数字特征.

4.3.1　协方差

定义 4.3.1　对于二维随机变量 (X,Y)，X 的离差与 Y 的离差乘积的数学期望称为 X 与 Y 的**协方差**，记为 $\mathrm{cov}(X,Y)$，即 $\mathrm{cov}(X,Y)=E\{[X-E(X)][Y-E(Y)]\}$.

注：(1) 常用计算公式：$\text{cov}(X,Y) = E(XY) - E(X)E(Y)$.

(2) 对任意随机变量(不一定是相互独立的)，

$$D(X+Y) = D(X) + D(Y) + 2\text{cov}(X,Y).$$

注(2)的结论可推广：X,Y,Z 为任意随机变量，

$$D(X+Y+Z) = D(X) + D(Y) + D(Z) + 2[\text{cov}(X,Y)$$
$$+ \text{cov}(Y,Z) + \text{cov}(X,Z)].$$

例 4.3.1　二维随机变量

$$(X,Y) \sim f(x,y) = \begin{cases} \dfrac{1}{4}(1 - x^3 y + xy^3), & |x| \leqslant 1, \ |y| \leqslant 1 \\ 0, & \text{其他} \end{cases},$$

求 $\text{cov}(X,Y)$.

解　首先求出 $E(X)$ 和 $E(Y)$.

当 $|x| < 1$ 时，$f_X(x) = \displaystyle\int_{-\infty}^{+\infty} f(x,y)\mathrm{d}y = \int_{-1}^{+1} \frac{1}{4}(1 - x^3 y + xy^3)\mathrm{d}y = \frac{1}{2}$；

当 $|x| \geqslant 1$ 时，$f_X(x) = \displaystyle\int_{-\infty}^{+\infty} f(x,y)\mathrm{d}y = 0$.

故　$f_X(x) = \begin{cases} \dfrac{1}{2}, & |x| < 1 \\ 0, & \text{其他} \end{cases}$，所以 $E(X) = \displaystyle\int_{-1}^{1} \frac{1}{2} x \mathrm{d}x = 0$.

同样可求　$f_Y(y) = \begin{cases} \dfrac{1}{2}, & |y| < 1 \\ 0, & \text{其他} \end{cases}$，$E(Y) = \displaystyle\int_{-1}^{1} \frac{1}{2} y \mathrm{d}y = 0$.

且　$E(XY) = \displaystyle\int_{-1}^{1}\int_{-1}^{1} xy\left[\frac{1}{4}(1 - x^3 y + xy^3)\right]\mathrm{d}x\mathrm{d}y = 0$.

因此　$\text{cov}(X,Y) = E(XY) - E(X)E(Y) = 0$.

4.3.2　协方差的性质

性质 1　$\text{cov}(X,Y) = \text{cov}(Y,X)$.

性质 2　$\text{cov}(X,C) = \text{cov}(C,X) = 0$.

性质 3　$\text{cov}(c_1 X, c_2 Y) = c_1 c_2 \text{cov}(X,Y)$.

性质 4　$\text{cov}(X_1 + X_2, Y) = \text{cov}(X_1,Y) + \text{cov}(X_2,Y)$.

以上性质可通过协方差的定义与数学期望的性质证得，这里只证明性质 3，其他性质的证明留给读者自己完成.

证明　$\text{cov}(c_1 X, c_2 Y) = E\{[c_1 X - E(c_1 X)][c_2 Y - E(c_2 Y)]\}$
$$= c_1 c_2 E\{[X - E(X)][Y - E(Y)]\}$$
$$= c_1 c_2 \text{cov}(X,Y).$$

4.3.3　相关系数

定义 4.3.2　设 (X,Y) 为二维随机变量, X,Y 的期望和方差都存在且方差都不等于 0, 则称 $\dfrac{\mathrm{cov}(X,Y)}{\sqrt{D(X)}\sqrt{D(Y)}}$ 为 X 与 Y 的**相关系数**, 记为 ρ_{XY} 或 $\rho(X,Y)$, 即

$$\rho_{XY} = \frac{\mathrm{cov}(X,Y)}{\sqrt{D(X)}\sqrt{D(Y)}}.$$

4.3.4　相关系数的性质

性质 1　$\rho_{XY} = \rho_{YX}$.

性质 2　$0 \leqslant |\rho_{XY}| \leqslant 1$, 且

当 $\rho_{XY} = 0$ (等价于 $\mathrm{cov}(X,Y) = 0$) 时, 称随机变量 X 与 Y **不线性相关**, 简称**不相关**;

当 $\rho_{XY} > 0$ 时, 称 X 与 Y 正线性相关(直线斜率为正);

当 $\rho_{XY} < 0$ 时, 称 X 与 Y 负线性相关(直线斜率为负);

当 $|\rho_{XY}|$ 介于 0 和 1 之间时, 越接近于 1, 线性关系越显著, 越接近于 0, 线性关系越不显著;

$|\rho_{XY}| = 1$ 的充分必要条件是: 存在不为零的常数 k 和 b, 使得 $P(Y = kX + b) = 1$.

相关系数 ρ_{XY} 在 X 与 Y 几种关系的取值见图 4-1.

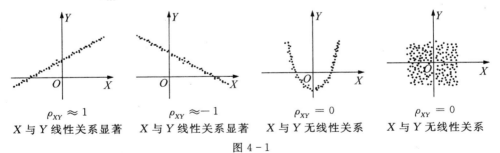

$\rho_{XY} \approx 1$　　　　$\rho_{XY} \approx -1$　　　　$\rho_{XY} = 0$　　　　$\rho_{XY} = 0$

X 与 Y 线性关系显著　　X 与 Y 线性关系显著　　X 与 Y 无线性关系　　X 与 Y 无线性关系

图 4-1

关于相互独立与不相关的关系, 我们有下列结论.

定理 4.3.1　若 X 与 Y 相互独立, 则 X 与 Y 一定不相关; 若 X 与 Y 不相关, 则 X 与 Y 不一定相互独立.

注: 若 X 与 Y 相关, 则 X 与 Y 一定不相互独立.

定理 4.3.2　对于二维随机变量 (X,Y), 下列事实等价:

(1) $\mathrm{cov}(X,Y) = 0$;　　　　　　(2) X 与 Y 不相关;

(3) $E(XY) = E(X)E(Y)$;　　　　(4) $D(X+Y) = D(X) + D(Y)$.

定理 4.3.1 和定理 4.3.2 的证明很简单,在此略去. 但过去我们学习数学期望和方差性质时,$E(XY) = E(X)E(Y)$ 和 $D(X+Y) = D(X) + D(Y)$ 成立的条件是 X 与 Y 相互独立,其实,这两个结果只要 X 与 Y 不相关就成立.

例 4.3.2 二维随机变量 (X,Y) 的联合分布律如下:

Y \ X	0	1	2
1	$\frac{1}{3}$	$\frac{1}{6}$	$\frac{1}{12}$
2	$\frac{1}{12}$	$\frac{1}{3}$	0

(1) 求 ρ_{XY};(2) 判断 X 与 Y 是否相关;(3) 判断 X 与 Y 是否相互独立.

解 (1) 随机变量 X 的分布律为:

X	0	1	2
P	$\frac{5}{12}$	$\frac{1}{2}$	$\frac{1}{12}$

则 $E(X) = 0 \times \frac{5}{12} + 1 \times \frac{1}{2} + 2 \times \frac{1}{12} = \frac{2}{3}$.

随机变量 Y 的分布律为:

Y	1	2
P	$\frac{7}{12}$	$\frac{5}{12}$

则 $E(Y) = 1 \times \frac{7}{12} + 2 \times \frac{5}{12} = \frac{17}{12}$.

随机变量 XY 的分布律为:

XY	0	1	2
P	$\frac{5}{12}$	$\frac{1}{6}$	$\frac{5}{12}$

则 $E(XY) = 0 \times \frac{5}{12} + 1 \times \frac{1}{6} + 2 \times \frac{5}{12} = 1$.

随机变量 X^2 的分布律为:

X^2	0	1	4
P	$\frac{5}{12}$	$\frac{1}{2}$	$\frac{1}{12}$

则　　$E(X^2) = 0 \times \dfrac{5}{12} + 1 \times \dfrac{1}{2} + 4 \times \dfrac{1}{12} = \dfrac{15}{12}$,

$\qquad D(X) = E(X^2) - [E(X)]^2 = \dfrac{29}{36}$.

随机变量 Y^2 的分布律为:

Y^2	1	4
P	$\dfrac{7}{12}$	$\dfrac{5}{12}$

则　　$E(Y^2) = 1 \times \dfrac{7}{12} + 4 \times \dfrac{5}{12} = \dfrac{27}{12}$,

$\qquad D(Y) = E(Y^2) - [E(Y)]^2 = \dfrac{35}{144}$,

$\qquad \rho_{XY} = \dfrac{\mathrm{cov}(X,Y)}{\sqrt{D(X)}\,\sqrt{D(Y)}} = \dfrac{E(XY) - E(X)E(Y)}{\sqrt{D(X)}\,\sqrt{D(Y)}} = \dfrac{4}{\sqrt{1015}} \approx 0.1256$.

(2) 因为 $\rho_{XY} \neq 0$,所以 X 与 Y 相关.

(3) 因为 X 与 Y 相关,所以 X 与 Y 不相互独立.

例 4.3.3　二维随机变量 $(X,Y) \sim N(\mu_1, \mu_2, \sigma_1^2, \sigma_2^2, \rho)$,试分析 X 与 Y 的相关性和独立性.

解　二维正态分布的联合密度函数为

$$f(x,y) = \dfrac{1}{2\pi\sigma_1\sigma_2\sqrt{1-\rho^2}} \mathrm{e}^{-\frac{1}{2(1-\rho^2)}\left[\frac{(x-\mu_1)^2}{\sigma_1^2} - 2\rho\frac{(x-\mu_1)(y-\mu_2)}{\sigma_1\sigma_2} + \frac{(y-\mu_2)^2}{\sigma_2^2}\right]},$$

$-\infty < x, y < +\infty, \sigma_1 > 0, \sigma_2 > 0$.

X 和 Y 的边缘密度函数为:

$$f_X(x) = \int_{-\infty}^{+\infty} f(x,y)\mathrm{d}y = \dfrac{1}{\sqrt{2\pi}\sigma_1} \mathrm{e}^{-\frac{(x-\mu_1)^2}{2\sigma_1^2}}, -\infty < x < +\infty,$$

$$f_Y(y) = \int_{-\infty}^{+\infty} f(x,y)\mathrm{d}x = \dfrac{1}{\sqrt{2\pi}\sigma_2} \mathrm{e}^{-\frac{(y-\mu_2)^2}{2\sigma_2^2}}, -\infty < y < +\infty.$$

当且仅当 $\rho = 0$ 时,$f(x,y) = f_X(x)f_Y(y)$,即 X 与 Y 相互独立. 而

$$\mathrm{cov}(X,Y) = E\{[X - E(X)][Y - E(Y)]\}$$
$$= \int_{-\infty}^{+\infty}\int_{-\infty}^{+\infty} (x-\mu_1)(y-\mu_2)f(x,y)\mathrm{d}x\mathrm{d}y = \rho\sigma_1\sigma_2,$$

又 $D(X) = \sigma_1^2, D(Y) = \sigma_2^2$,因此 $\rho_{XY} = \dfrac{\mathrm{cov}(X,Y)}{\sqrt{D(X)}\,\sqrt{D(Y)}} = \dfrac{\rho\sigma_1\sigma_2}{\sigma_1\sigma_2} = \rho$,即二维正态分布的第五个参数 ρ 是 X 与 Y 的相关系数.

当 $\rho = 0$ 时,X 与 Y 不相关.

可见,对二维正态分布而言,不相关性和独立性是等价的,这是二维正态分布的一个非常特殊的性质.

第 4 章习题

1. (2005 年 2＋2) 随机变量 X 与 Y 的联合分布律为：

X \ Y	1	2	3
0	$\frac{1}{6}$	$\frac{1}{6}$	$\frac{1}{4}$
1	$\frac{1}{6}$	0	$\frac{1}{4}$

则期望值 $E(XY) = $ _____.

2. (2010 年考研数学) 设随机变量 X 的概率分布为 $P(X=k) = \dfrac{C}{k!}, k=0,$ $1,2,\cdots$，则 $E(X^2) = $ _____.

3. (2009 年考研数学) 设随机变量 X 的分布函数为 $F(x) = 0.3\Phi(x) + 0.7\Phi\left(\dfrac{x-1}{2}\right)$，其中 $\Phi(x)$ 为标准正态分布的分布函数，则 $E(X) = $ （ ）

A. 0　　　　　B. 0.3　　　　　C. 0.7　　　　　D. 1

4. (2004 年考研数学) 设随机变量 X 服从参数为 λ 的指数分布，则 $P(X > \sqrt{D(X)}) = $ _____.

5. (2004 年考研数学) 设随机变量 $X_1, X_2, \cdots, X_n (n>1)$ 独立同分布，且其方差为 $\sigma^2 > 0$，令 $Y = \dfrac{1}{n}\sum\limits_{i=1}^{n} X_i$，则 （ ）

A. $\text{cov}(X_1, Y) = \dfrac{\sigma^2}{n}$ 　　　　　B. $\text{cov}(X_1, Y) = \sigma^2$

C. $D(X_1 + Y) = \dfrac{n+2}{n}\sigma^2$ 　　　　　D. $D(X_1 - Y) = \dfrac{n+1}{n}\sigma^2$

6. (2003 年考研数学) 设随机变量 X 和 Y 的相关系数为 0.9，若 $Z = X - 0.4$，则 Y 与 Z 的相关系数为 _____.

7. (2008 年考研数学) 随机变量 $X \sim N(0,1), Y \sim N(1,4)$，且相关系数 $\rho_{XY} = 1$，则 （ ）

A. $P(Y = -2X - 1) = 1$ 　　　　　B. $P(Y = 2X - 1) = 1$

C. $P(Y = -2X + 1) = 1$ 　　　　　D. $P(Y = 2X + 1) = 1$

8. (2006 年 2＋2) 已知二维随机变量 (ξ, η) 的概率分布为：

$$P(\xi = 1, \eta = -1) = P(\xi = 1, \eta = 1) = P(\xi = 4, \eta = -2)$$
$$= P(\xi = 4, \eta = 2) = \frac{1}{4},$$

则下述结论正确的是　　　　　　　　　　　　　　　　　　　　（　　）

A. ξ 与 η 是不相关的

B. $D(\xi) = D(\eta)$

C. ξ 与 η 是相互独立的

D. 存在 $a, b \in R$，使得 $P(\xi = a + b\eta) = 1$

9. （2007 年考研数学）设随机变量 (X, Y) 服从二维正态分布，且 X 与 Y 不相关，$f_X(x)$，$f_Y(y)$ 分别表示 X, Y 的概率密度，则在 $Y = y$ 的条件下，X 的条件概率密度 $f(x \mid y)$ 为　　　　　　　　　　　　　　　（　　）

A. $f_X(x)$ 　　　B. $f_Y(y)$ 　　　C. $f_X(x)f_Y(y)$ 　　D. $\dfrac{f_X(x)}{f_Y(y)}$

B 组

1. 随机变量 X 的分布律为：

X	-2	0	2
P	0.4	0.3	0.3

求 $E(X)$，$E(X^2)$，$E(3X^2 + 5)$.

2. （2003 年考研数学）已知甲、乙两箱中装有同种产品，其中甲箱中装有 3 件合格品和 3 件次品，乙箱中仅装有 3 件合格品. 从甲箱中任取 3 件产品放入乙箱后，求：

（1）乙箱中次品件数的数学期望；

（2）从乙箱中任取一件产品是次品的概率.

3. 随机变量 X 的概率密度函数为 $f(x) = \begin{cases} \mathrm{e}^{-x}, & x > 0 \\ 0, & x \leqslant 0 \end{cases}$，求 $E(X)$，$E(2X)$，$E(\mathrm{e}^{-2X})$.

4. 连续型随机变量 X 的概率密度函数为 $f(x) = \begin{cases} kx^a, & 0 < x < 1 \\ 0, & \text{其他} \end{cases}$，$k, a > 0$，又知 $E(X) = 0.75$，求 k 和 a 的值.

5. （2005 年 2+2）设随机变量 ξ 的密度函数为 $f(x) = \begin{cases} ax^2, & 0 < x < 1 \\ 0, & \text{其他} \end{cases}$，求：

（1）常数 a；

（2）ξ 的期望 $E(\xi)$ 和方差 $D(\xi)$；

（3）ξ^2 的概率密度函数；

（4）概率值 $P(\eta = 2)$，其中 η 表示对 ξ 的三次独立重复观察中事件 $\left(\xi \leqslant \dfrac{1}{2}\right)$ 出

现的次数.

6. (2002 年考研数学) 假设一设备开机后无故障工作的时间 X 服从指数分布,平均故障工作的时间 $E(X)$ 为 5 小时.设备定时开机,出现故障时自动关机,而在无故障的情况下工作 2 小时便关机.试求该设备每次开机无故障工作的时间 Y 的分布函数 $F_Y(y)$.

7. 二维随机变量 (X,Y) 的联合分布律如下:

Y \ X	0	1
1	0.1	0.2
2	0.3	0.4

求 $E(X),E(Y),E(XY)$.

8. 随机变量 X,Y,Z 相互独立, $E(X)=9,E(Y)=20,E(Z)=12$,求 $E(2X+3Y+Z)$ 和 $E(5X+YZ)$.

9. 随机变量 X 与 Y 相互独立,且概率密度分别为

$$f_X(x) = \begin{cases} x, & 0 \leqslant x \leqslant 1 \\ 2-x, & 1 < x \leqslant 2, \\ 0, & \text{其他} \end{cases} \quad f_Y(y) = \begin{cases} e^{-y}, & y > 0 \\ 0, & y \leqslant 0 \end{cases},$$

求 $E(XY)$.

10. (2005 年 2+2) 设自动生产线加工的某种零件的内径 $\xi \sim N(\mu,1)$,内径小于 10 或者大于 12 的为不合格品,其余为合格品.销售每件合格品可获利 20 元,销售每件不合格品要亏损,其中内径小于 10 的亏 1 元,内径大于 12 的亏 5 元,求平均内径 μ 取何值时,销售一个零件的平均利润最大?

11. (2008 年 2+2) 一工厂生产的某种设备的寿命 X(以年计)服从指数分布,概率密度为 $f(x) = \begin{cases} \dfrac{1}{4}e^{\frac{-x}{4}}, & x > 0 \\ 0, & x \leqslant 0 \end{cases}$.工厂规定,出售的设备若在一年之内损坏可予以调换.若工厂售出一台设备赢利 100 元,调换一台设备厂方需花费 300 元.试求厂方出售一台设备净赢利的数学期望.

12. (2007 年 2+2) 某商店以每千克 200 元的价格从生产厂家购进 y 千克某产品,并以每千克 260 元在市场上销售.规定一周内商店售不完的产品将作为再生原料由厂家回收进行处理,回收价格为每千克 180 元.假定该产品每周的市场需求量 X 是区间 $[10,30]$ 上服从均匀分布的随机变量,试确定商店的周进货量 y,使商店获利的期望值最大.

13. 随机变量 X 的分布律为:

X	-1	0	1	2
P	0.2	0.5	0.2	0.1

求 $D(X)$.

14. 连续型随机变量 X 的概率密度函数为 $f(x) = \begin{cases} kx^2, & 0 < x < 1 \\ 0, & \text{其他} \end{cases}$，求：

(1) 常数 k；(2) $D(X)$.

15. 设二维随机变量 $(X, Y) \sim f(x, y) = \begin{cases} \dfrac{1}{8}(x+y), & 0 \leqslant x \leqslant 2, 0 \leqslant y \leqslant 2 \\ 0, & \text{其他} \end{cases}$，

求 $D(X)$ 及 $D(Y)$.

16. 随机变量 X 的分布函数如 (1) 和 (2)，分别求 $E(X)$ 和 $D(X)$.

(1) $F(x) = \begin{cases} 0, & x < 0 \\ 0.1, & 0 \leqslant x < 1 \\ 0.6, & 1 \leqslant x < 2 \\ 1, & x \geqslant 2 \end{cases}$；(2) $F(x) = \begin{cases} 0, & x < 0 \\ \dfrac{1}{2}x^2, & 0 \leqslant x < 1 \\ 2x - \dfrac{1}{2}x^2 - 1, & 1 \leqslant x < 2 \\ 1, & x \geqslant 2 \end{cases}$.

17. 随机变量 X, Y 相互独立，$D(X) = 1, D(Y) = 4$，求 $D(X - 2Y)$ 和 $D(2X - Y)$.

18. 随机变量 X 与 Y 相互独立，且概率密度分别为

$$f_X(x) = \begin{cases} 2x, & 0 \leqslant x \leqslant 1 \\ 0, & \text{其他} \end{cases}, f_Y(y) = \begin{cases} e^{-(y-5)}, & y > 5 \\ 0, & y \leqslant 5 \end{cases},$$

求 $D(X + Y)$.

19. 每个螺丝钉的重量是一个随机变量，期望值为 $10g$，标准差为 $1g$，一盒装同型号的螺丝钉 100 个. 求一盒螺丝钉重量的期望值和标准差（假设每个螺丝钉的重量都不受其他螺丝钉重量的影响）.

20. 设二维随机变量 $(X, Y) \sim f(x, y) = \begin{cases} e^{-(x+y)}, & x > 0, y > 0 \\ 0, & \text{其他} \end{cases}$，计算 $\text{cov}(X, Y)$.

21. 二维随机变量 (X, Y) 的联合分布如下：

Y＼X	−1	0	1
−1	$\dfrac{1}{8}$	a	$\dfrac{1}{8}$
0	$\dfrac{1}{8}$	0	$\dfrac{1}{8}$
1	$\dfrac{1}{8}$	$\dfrac{1}{8}$	$\dfrac{1}{8}$

(1) 求常数 a；(2) 求 $D(X)$；(3) 求在 $Y = 1$ 条件下 X 的条件期望；(4) 求 ρ_{XY}，并验证 X 与 Y 是不相关的但不是相互独立的.

22. (2011 年考研数学) 已知 X,Y 的分布律分别为：

X	0	1
P	$\frac{1}{3}$	$\frac{2}{3}$

Y	-1	0	1
P	$\frac{1}{3}$	$\frac{1}{3}$	$\frac{1}{3}$

$P(X^2 = Y^2) = 1$. 求：(1) (X,Y) 的联合分布律；(2) $Z = XY$ 的分布；(3) ρ_{XY}.

23. 已知 $D(X) = 25, D(Y) = 36, \rho_{XY} = 0.4$，求 $D(X+Y)$ 和 $D(X-Y)$.

24. 设二维随机变量 (X,Y) 联合概率密度函数为

$$f(x,y) = \begin{cases} 4xy, & 0 \leqslant x \leqslant 1, 0 \leqslant y \leqslant 1 \\ 0, & \text{其他} \end{cases},$$

试判断 X 与 Y 是否相关？是否相互独立？

25. 设二维随机变量 (X,Y) 联合概率密度函数为

$$f(x,y) = \begin{cases} \dfrac{1}{\pi}, & x^2 + y^2 \leqslant 1 \\ 0, & x^2 + y^2 > 1 \end{cases},$$

证明：$\rho_{XY} = 0$，但 X 与 Y 不相互独立.

26. (2006 年 2+2) 已知随机变量 ξ 和 η 满足 $E(\xi) = 1, E(\eta) = 2, D(\xi) = 4$, $D(\eta) = 9$ 且 $\rho_{\xi\eta} = \frac{1}{2}$. 令 $\gamma = (4\xi + a\eta)^2$，求使 $E(\gamma)$ 最小的 a 值.

27. (2010 年考研数学) 袋中装有 6 个球，1 个红球、2 个白球与 3 个黑球，现从袋中随机地取出两个球，记 X 为取得的红球个数，Y 为取出的白球个数. 求：(1) 二维随机变量 (X,Y) 的概率分布；(2) $\text{cov}(X,Y)$.

28. (2004 年考研数学) 设 A,B 为两个随机事件，且 $P(A) = \frac{1}{4}$, $P(B \mid A) = \frac{1}{3}$, $P(A \mid B) = \frac{1}{2}$，令 $X = \begin{cases} 1, & A \text{ 发生} \\ 0, & A \text{ 不发生} \end{cases}$, $Y = \begin{cases} 1, & B \text{ 发生} \\ 0, & B \text{ 不发生} \end{cases}$，求：(1) 二维随机变量 (X,Y) 的概率分布；(2) X 与 Y 的相关系数 ρ_{XY}；(3) $Z = X^2 + Y^2$ 的概率分布.

29. (2002 考研数学) 假设随机变量 U 在区间 $[-2,2]$ 上服从均匀分布，随机变量

$$X = \begin{cases} -1, & \text{若 } U \leqslant -1 \\ 1, & \text{若 } U > -1 \end{cases}; Y = \begin{cases} -1, & \text{若 } U \leqslant 1 \\ 1, & \text{若 } U > 1 \end{cases}.$$

试求：(1) (X,Y) 的联合概率分布；(2) $D(X+Y)$.

30. (2006 年考研数学) 设随机变量 X 的概率密度为

$$f_X(x) = \begin{cases} \dfrac{1}{2}, & -1 < x < 0 \\ \dfrac{1}{4}, & 0 \leqslant x < 2 \\ 0, & \text{其他} \end{cases},$$

令 $Y = X^2$, $F(x,y)$ 为二维随机变量 (X,Y) 的分布函数.

(1) 求 Y 的概率密度 $f_Y(y)$；(2) 计算 $\text{cov}(X,Y)$；(3) 求 $F\left(-\dfrac{1}{2}, 4\right)$.

第 5 章　大数定律与中心极限定理

前面几章我们讨论了概率论中的基本问题,主要是随机事件概率的计算、随机变量的分布、随机变量的数字特征等.然而,某些深层次的问题,如频率的稳定性、为什么在实际中正态分布是最普遍的分布等都没有涉及.这些问题将在本章中解决.

§5.1　大数定律

大数定律研究大量独立随机变量的平均值的稳定性,即在什么条件下,大量独立的随机变量的算术平均 $\frac{1}{n}\sum_{i=1}^{n}X_i$ 收敛于这些随机变量数学期望的算术平均 $\frac{1}{n}\sum_{i=1}^{n}E(X_i)$,$n\to\infty$.

5.1.1　切比雪夫不等式

设 X 为随机变量,期望 $E(X)$ 和方差 $D(X)$ 都存在,则对于任意的 $\varepsilon>0$,有

$$P(|X-E(X)|\geqslant\varepsilon)\leqslant\frac{D(X)}{\varepsilon^2}.$$

证明　设 X 是连续型随机变量,密度函数为 $f(x)$,则有

$$
\begin{aligned}
P(|X-E(X)|\geqslant\varepsilon) &= \int_{\{x:|x-E(X)|\geqslant\varepsilon\}} f(x)\mathrm{d}x \\
&\leqslant \int_{\{x:|x-E(X)|\geqslant\varepsilon\}} \frac{[x-E(X)]^2}{\varepsilon^2}f(x)\mathrm{d}x \\
&\leqslant \int_{-\infty}^{+\infty}\frac{[x-E(X)]^2}{\varepsilon^2}f(x)\mathrm{d}x \\
&= \frac{1}{\varepsilon^2}\int_{-\infty}^{+\infty}[x-E(X)]^2 f(x)\mathrm{d}x \\
&= \frac{D(X)}{\varepsilon^2},
\end{aligned}
$$

所以　　　　　　　　　$$P(|X-E(X)|\geqslant\varepsilon)\leqslant\frac{D(X)}{\varepsilon^2}.$$

对离散型随机变量,可类似证明.

注:(1) $P(|X-E(X)|\geqslant\varepsilon)\leqslant\dfrac{D(X)}{\varepsilon^2}\Leftrightarrow1-P(|X-E(X)|\geqslant\varepsilon)\geqslant1-$ $\dfrac{D(X)}{\varepsilon^2}$,即 $P(|X-E(X)|<\varepsilon)\geqslant1-\dfrac{D(X)}{\varepsilon^2}$.

(2) 切比雪夫不等式应用于估计概率,应用时要注意灵活地使用.

例 5.1.1 随机变量 $X\sim N(\mu,\sigma^2)$,由切比雪夫不等式有 $P(|X-\mu|\geqslant$ $3\sigma)\leqslant$ _____.

解 $X\sim N(\mu,\sigma^2),E(X)=\mu,D(X)=\sigma^2$,由切比雪夫不等式有

$$P(|X-\mu|\geqslant3\sigma)\leqslant\frac{\sigma^2}{9\sigma^2}=\frac{1}{9}.$$

例 5.1.2 随机变量 $X\sim B(10,0.4)$,用切比雪夫不等式估计 $P(2<X<6)$ 的值.

解 $X\sim B(10,0.4),E(X)=4,D(X)=2.4$,由切比雪夫不等式有

$$P(2<X<6)=P(|X-4|<2)\geqslant1-\frac{2.4}{4}=0.4,$$

即 $P(2<X<6)\geqslant0.4$.

5.1.2 随机变量的收敛性

定义 5.1.1 设 $X_1,X_2,\cdots,X_n,\cdots$ 为随机变量序列,若存在随机变量 X,对于任意 $\varepsilon>0$,有

$$\lim_{n\to\infty}P(|X_n-X|<\varepsilon)=1,\text{或}\lim_{n\to\infty}P(|X_n-X|\geqslant\varepsilon)=0,$$

则称随机变量序列 $\{X_n\}$ **依概率收敛**于随机变量 X,记为 $X_n\xrightarrow{P}X,n\to\infty$.

5.1.3 大数定律

定义 5.1.2 设 $X_1,X_2,\cdots,X_n,\cdots$ 为随机变量序列,并且 $E(X_i)$ 存在,$i=1,2,\cdots$,令 $\overline{X}_n=\dfrac{1}{n}\sum\limits_{i=1}^{n}X_i$,若对于任意 $\varepsilon>0$,有

$$\lim_{n\to\infty}P(|\overline{X}_n-E(\overline{X}_n)|<\varepsilon)=1,\text{或}\lim_{n\to\infty}P(|\overline{X}_n-E(\overline{X}_n)|\geqslant\varepsilon)=0,$$

则称随机变量序列 $\{X_n\}$ **服从大数定律**.

定理 5.1.1 (**切比雪夫大数定律的特殊情况**)设随机变量序列 X_1,$X_2,\cdots,X_n,\cdots$ 相互独立,具有相同的期望和方差:$E(X_i)=a,D(X_i)=b^2$,$i=1,2,\cdots,\overline{X}_n=\dfrac{1}{n}\sum\limits_{i=1}^{n}X_i$,则对任意 $\varepsilon>0$ 有

$$\lim_{n\to\infty}P(\,|\,\overline{X}_n-a\,|<\varepsilon)=1,或\lim_{n\to\infty}P(\,|\,\overline{X}_n-a\,|\geqslant\varepsilon)=0,$$

$$(\lim_{n\to\infty}P(\,|\,\overline{X}_n-E(\overline{X}_n)\,|<\varepsilon)=1,或\lim_{n\to\infty}P(\,|\,\overline{X}_n-E(\overline{X}_n)\,|\geqslant\varepsilon)=0)$$

即 $\overline{X}_n\xrightarrow{P}E(\overline{X}_n),n\to\infty$.

证明　由期望和方差的性质有 $E(\overline{X}_n)=E\Big(\dfrac{1}{n}\sum\limits_{i=1}^{n}X_i\Big)=\dfrac{1}{n}\sum\limits_{i=1}^{n}E(X_i)=a,$

$$D(\overline{X}_n)=D\Big(\frac{1}{n}\sum_{i=1}^{n}X_i\Big)=\frac{1}{n^2}\sum_{i=1}^{n}D(X_i)=\frac{b^2}{n}(X_1,X_2,\cdots,X_n\ 相互独立),$$

对 $\overline{X}_n$ 应用切比雪夫不等式有

$$P(\,|\,\overline{X}_n-E(\overline{X}_n)\,|<\varepsilon)\geqslant1-\frac{D(\overline{X}_n)}{\varepsilon^2}=1-\frac{b^2}{n\varepsilon^2},$$

因为　　　$1\geqslant P(\,|\,\overline{X}_n-E(\overline{X}_n)\,|<\varepsilon)\geqslant1-\dfrac{b^2}{n\varepsilon^2},\lim\limits_{n\to\infty}(1-\dfrac{b^2}{n\varepsilon^2})=1,$

所以由极限的两边夹准则有

$$\lim_{n\to\infty}P(\,|\,\overline{X}_n-E(\overline{X}_n)\,|<\varepsilon)=1,即\lim_{n\to\infty}P(\,|\,\overline{X}_n-a\,|<\varepsilon)=1.$$

该定理表明,当 $n\to\infty$ 时,随机事件$(\,|\,\overline{X}_n-a\,|<\varepsilon)$的概率趋于 1,即大量随机变量的算术平均取值变得非常稳定.

定理 5.1.2　(伯努利大数定律)设 $f_n(A)$ 是 n 次独立重复试验中事件 A 发生的频率,p 是事件 A 在每次试验中发生的概率,则对任意 $\varepsilon>0$ 有

$$\lim_{n\to\infty}P(\,|\,f_n(A)-p\,|<\varepsilon)=1,或\lim_{n\to\infty}P(\,|\,f_n(A)-p\,|\geqslant\varepsilon)=0.$$

证明　设 $X_i=\begin{cases}1,&第\ i\ 次试验事件\ A\ 发生\\0,&第\ i\ 次试验事件\ A\ 未发生\end{cases}$,则 $X_i\sim B(1,p),1,2,\cdots,n,$

$X_1,X_2,\cdots,X_n$ 相互独立.

频率 $f_n(A)=\dfrac{1}{n}\sum\limits_{i=1}^{n}X_i,$由 $E(X_i)=p,$可得 $E\Big(\dfrac{1}{n}\sum\limits_{i=1}^{n}X_i\Big)=p.$

由定理 5.1.1 知对任意 $\varepsilon>0$ 有

$$\lim_{n\to\infty}P(\,|\,f_n(A)-p\,|<\varepsilon)=1.$$

伯努利大数定律是将概率的统计定义用数学式表示出来,即事件的频率是依概率收敛到事件发生的概率.因此,在实际应用中,当 n 较大时,事件的频率与概率有较大偏差的可能性很小,可以用频率来代替概率.

§5.2　中心极限定理

中心极限定理是研究在什么条件下大量独立随机变量和的分布函数收敛于正态分布函数,即大量独立随机变量的和以正态分布为极限,即使每个随机.

变量个体均不服从正态分布.

5.2.1 李雅普诺夫定理

定理 5.2.1 (李雅普诺夫定理)设 $X_1, X_2, \cdots, X_n, \cdots$ 是相互独立的随机变量序列,期望 $E(X_i)$ 和方差 $D(X_i)$ 都存在,且 $D(X_i) < +\infty, i = 1, 2, \cdots$,若每个 X_i 对总和 $\sum\limits_{i=1}^{n} X_i$ 影响不大,则

$$\lim_{n \to \infty} P\left(\frac{\sum\limits_{i=1}^{n} X_i - E\left(\sum\limits_{i=1}^{n} X_i\right)}{\sqrt{D\left(\sum\limits_{i=1}^{n} X_i\right)}} \leqslant x \right) = \Phi(x),$$

即当 $n \to \infty$ 时, $\dfrac{\sum\limits_{i=1}^{n} X_i - E\left(\sum\limits_{i=1}^{n} X_i\right)}{\sqrt{D\left(\sum\limits_{i=1}^{n} X_i\right)}} \sim N(0,1).$

这个定理对离散型和连续型随机变量都适用,但定理的证明较复杂,本书略去.

李雅普诺夫定理的实际意义是:如果一个随机现象由众多的随机因素所引起,每个因素在总的变化中都不起显著的作用,就可以推断,描述这个随机现象的随机变量近似地服从正态分布.由于这些情况很普遍,所以有相当多的随机变量服从正态分布,从而正态分布是概率统计中最重要的分布.

李雅普诺夫定理应用形式: $X_1, X_2, \cdots, X_n$ 是相互独立的随机变量序列,当 n 足够大时,

$$P\left(\frac{\sum\limits_{i=1}^{n} X_i - E\left(\sum\limits_{i=1}^{n} X_i\right)}{\sqrt{D\left(\sum\limits_{i=1}^{n} X_i\right)}} \leqslant x \right) \approx \Phi(x).$$

5.2.2 林德贝格-列维定理

定理 5.2.2 (林德贝格-列维定理)设 $X_1, X_2, \cdots, X_n, \cdots$ 是独立同分布的随机变量序列,期望 $E(X_i) = a$,方差 $D(X_i) = b^2 \neq 0, i = 1, 2, \cdots$,则

$$\lim_{n \to \infty} P\left(\frac{\sum\limits_{i=1}^{n} X_i - na}{\sqrt{nb^2}} \leqslant x \right) = \Phi(x),$$

即当 $n \to \infty$ 时, $\dfrac{\sum\limits_{i=1}^{n} X_i - na}{\sqrt{nb^2}} \sim N(0,1).$

林德贝格-列维定理是李雅普诺夫定理的特殊情形.

例 5.2.1　　对某一目标进行了 100 次轰炸,每次轰炸命中目标的炸弹数目是一个随机变量,其期望值为 2,方差为 1.69.求在 100 次轰炸中有 180～220 颗炸弹命中目标的概率.

解　设 X_i 为第 i 次轰炸命中目标的炸弹数,由题 $E(X_i) = 2, D(X_i) = 1.69$, $i = 1, 2, \cdots, 100.$ $X_1, X_2, \cdots, X_{100}$ 相互独立.

$$E\Big(\sum_{i=1}^{100} X_i\Big) = \sum_{i=1}^{100} E(X_i) = 200, \quad D\Big(\sum_{i=1}^{100} X_i\Big) = \sum_{i=1}^{100} D(X_i) = 169,$$

由李雅普诺夫定理,所求概率为

$$P\Big(180 < \sum_{i=1}^{100} X_i < 220\Big) = P\left(-\frac{20}{13} < \frac{\sum_{i=1}^{100} X_i - E\big(\sum_{i=1}^{100} X_i\big)}{\sqrt{D\big(\sum_{i=1}^{100} X_i\big)}} < \frac{20}{13}\right)$$

$$\approx \Phi\Big(\frac{20}{13}\Big) - \Phi\Big(-\frac{20}{13}\Big) = 2\Phi\Big(\frac{20}{13}\Big) - 1$$

$$\approx 0.8764.$$

5.2.3　德莫佛-拉普拉斯定理

定理 5.2.3　（德莫佛-拉普拉斯定理）二项分布以正态分布为极限,即

$$X \sim B(n, p), n \to \infty \text{ 时}, \frac{X - np}{\sqrt{np(1-p)}} \sim N(0, 1).$$

证明　设 $X_1, X_2, \cdots, X_n, \cdots$ 是相互独立且都服从参数为 p 的 0-1 分布的随机变量序列,即 $X_i \sim B(1, p), E(X_i) = p, D(X_i) = p(1-p), i = 1, 2, \cdots,$

则有 $\sum_{i=1}^{n} X_i \sim B(n, p), E\big(\sum_{i=1}^{n} X_i\big) = np, D\big(\sum_{i=1}^{n} X_i\big) = np(1-p)$;

由定理 5.2.2 有

$$\lim_{n\to\infty} P\left(\frac{\sum_{i=1}^{n} X_i - E\big(\sum_{i=1}^{n} X_i\big)}{\sqrt{D\big(\sum_{i=1}^{n} X_i\big)}} \leqslant x\right) = \Phi(x), \text{ 即} \lim_{n\to\infty} P\left(\frac{\sum_{i=1}^{n} X_i - np}{\sqrt{np(1-p)}} \leqslant x\right) = \Phi(x),$$

即当 $n \to \infty$ 时, $\dfrac{\sum_{i=1}^{n} X_i - np}{\sqrt{np(1-p)}} \sim N(0, 1).$

若令 $X = \sum_{i=1}^{n} X_i$,则有 $X \sim B(n, p), n \to \infty$ 时, $\dfrac{X - np}{\sqrt{np(1-p)}} \sim N(0, 1).$

实际应用: $X \sim B(n, p), E(X) = np, D(X) = np(1-p)$, 当 n 足够大时,

(1) $P(a < X < b) \approx \Phi\left(\dfrac{b - np}{\sqrt{np(1-p)}}\right) - \Phi\left(\dfrac{a - np}{\sqrt{np(1-p)}}\right)$;

(2) $P(X < b) \approx \Phi\left(\dfrac{b - np}{\sqrt{np(1-p)}}\right)$.

注：德莫佛-拉普拉斯定理是用连续型的正态分布近似离散型的二项分布，因此 $P(a < X < b) \approx P(a \leqslant X \leqslant b) \approx P(a < X \leqslant b)$；$P(X < b) \approx P(X \leqslant b)$.

例 5.2.2　某车间有 150 台机床独立工作，每台机床工作时耗电量均为 5kW，每台机床平均只有 60% 的时间在运转．问该车间应供电多少千瓦，才能以 99.9% 的概率保证车间的机床能够正常运转.

解　观察 150 台机床运转与否可以视为 150 重伯努利试验，记运转机床的台数为 X，则 $X \sim B(150, 0.6)$.

设供电量为 y(kW)，由于耗电量为 $5X$(kW)，因此只需求出满足 $P(5X \leqslant y) \geqslant 0.999$ 的 y，就能以 99.9% 的概率保证车间的机床能够正常运转.

由定理 5.2.3，得

$$P\left(X \leqslant \frac{y}{5}\right) = P\left(X \leqslant \frac{\frac{y}{5} - 90}{6}\right) \approx \Phi\left(\frac{\frac{y}{5} - 90}{6}\right) \geqslant 0.999.$$

查标准正态分布表得 $\dfrac{\frac{y}{5} - 90}{6} \geqslant 3.1$ 时，$\Phi\left(\dfrac{\frac{y}{5} - 90}{6}\right) \geqslant 0.999$，解得 $y \geqslant 543$kW，由于耗电量是 5 的整数倍，所以车间供电量为 $y = 545$kW，可以保证车间的机床以 99.9% 的概率正常工作.

例 5.2.3　设电站供电网有 10000 盏电灯，夜晚每一盏灯开灯的概率都是 0.7，假定开、关时间彼此独立，记随机变量 X 为夜晚同时开着的电灯数.

（1）写出 X 的分布；

（2）利用切比雪夫不等式，估计夜晚同时开着的电灯数在 6800 ～ 7200 的概率；

（3）利用拉普拉斯定理，计算夜晚同时开着的电灯数在 6800 ～ 7200 的概率的近似值.

解　（1）由题，观察 10000 盏电灯夜晚的开灯情况可视为 10000 重伯努利试验，所以 $X \sim B(10000, 0.7)$，
$P(X = k) = C_{10000}^{k}(0.7)^k(0.3)^{10000-k}, k = 0, 1, 2, \cdots, 10000$；

（2）由 $X \sim B(10000, 0.7)$ 知，$E(X) = 7000$，$D(X) = 2100$，利用切比雪夫不等式有

$$P(6800 < X < 7200) = P(|X - 7000| < 200) \geqslant 1 - \frac{2100}{200^2} = \frac{379}{400}$$；

（3）利用拉普拉斯定理有

$$P(6800 < X < 7200) \approx \Phi\left(\frac{7200-7000}{\sqrt{2100}}\right) - \Phi\left(\frac{6800-7000}{\sqrt{2100}}\right)$$

$$= 2\Phi\left(\frac{200}{\sqrt{2100}}\right) - 1 = 2\Phi(4.36) - 1 \approx 1.$$

例 5.2.4　某车间有 100 台同类型设备,各台设备的工作是相互独立的,发生故障的概率都是 0.03,求同时发生故障的设备不超过 5 台的概率.

解　设 X 表示在 100 台设备中同时发生故障的台数,则 $X \sim B(100,0.03)$,

因此
$$P(X \leqslant 5) = \sum_{k=0}^{5} C_{100}^{k} (0.03)^k (1-0.03)^{100-k},$$

这是问题的精确解,但计算是比较困难的.下面采用两种近似解法:泊松分布近似和正态分布近似.

（1）泊松分布近似

由泊松近似公式 $C_n^k p^k (1-p)^{n-k} \approx \dfrac{\lambda^k}{k!}\mathrm{e}^{-\lambda}$,其中 $\lambda = n \times p = 100 \times 0.03 = 3$,得

$$P(X \leqslant 5) = \sum_{k=0}^{5} C_{100}^{k} 0.03^k (1-0.03)^{100-k}$$

$$\approx 1 - \sum_{k=6}^{+\infty} \frac{3^k}{k!}\mathrm{e}^{-3}$$

$$\approx 1 - 0.083918 = 0.916082.$$

（2）正态分布近似

$X \sim B(100,0.03), E(X) = 3, D(X) = 100 \times 0.03 \times 0.97 = 2.91$,

由中心极限定理

$$P(X \leqslant 5) \approx \Phi\left(\frac{5-3}{\sqrt{2.91}}\right) = \Phi(1.17) = 0.8790.$$

第 5 章习题

1. 设 X 服从区间 $(-1,1)$ 上的均匀分布. (1) 求 $P(|X| < 0.6)$; (2) 用切比雪夫不等式估计 $P(|X| < 0.6)$ 的下界.

2. 已知正常成人男性血液中,每毫升白细胞数的均值为 7300,方差为 700^2,试用切比雪夫不等式估计每毫升血液含白细胞数在 $5200 \sim 9400$ 的概率.

3. 一颗骰子连续掷 4 次,点数总和记为 X,用切比雪夫不等式估计 $P(10 < X < 18)$.

4. 设有 30 个电子元件,它们的使用寿命(单位:小时)$T_1, T_2, \cdots, T_{30}$ 都服从参数 $\lambda = 0.1$ 的指数分布.其使用情况是第一个损坏第二个立即使用,第二个损坏第三个立即使用,以此类推.令 T 为 30 个元件使用的总时间,求 T 超过 350 小时的概率.

5. (2006 年 2+2) 设随机变量 $\xi_1, \xi_2, \cdots, \xi_{100}$ 是相互独立的,且均在 $(0,20)$ 上服从均匀分布.令 $\xi = \sum\limits_{i=1}^{100} \xi_i$,求 $P(\xi > 1100)$ 的近似值.

6. 某批产品(批量很大)的次品率为 $p = 0.1$,从这批产品中随机抽取 1000 件,求抽得的产品中次品数在 $90 \sim 100$ 件的概率.

7. 一家保险公司共有 1 万人参加人寿保险,每人每年付保险费 120 元,设一年内每个投保人的死亡率均为 0.006,某人死亡后,其家属可从保险公司领取 1 万元保险金.求:

(1) 保险公司亏损的概率;

(2) 保险公司一年利润不小于 40 万元的概率.

8. 某校学生毕业时英语四级的合格率为 0.8,问从该校毕业生中至少随机抽多少个学生,才能使抽到学生的英语四级合格率落在区间 $(0.7, 0.9)$ 内的概率不小于 0.9?(试利用中心极限定理估计)

9. (2005 年 2+2) 一个复杂的系统由 100 个相互独立起作用的部件组成,在整个运行期间,每个部件损坏的概率为 0.1,为了使整个系统起作用,至少必须有 85 个部件正常工作,则整个系统起作用的概率约为 ( )

A. $\Phi(1)$ B. $1 - \Phi(1)$ C. $\Phi\left(\dfrac{4}{3}\right)$ D. $\Phi\left(\dfrac{5}{3}\right)$

10. 假定生男孩和女孩的概率均为 0.5,现随机抽出 200 个新生婴儿.(1) 利用切比雪夫不等式估计抽出的 200 个新生婴儿中男孩多于 80 个且少于

120 个的概率;(2) 利用拉普拉斯定理计算抽出的 200 个新生婴儿中男孩多于 80 个且少于 120 个的概率的近似值.

11. 一个复杂系统由 n 个独立的部件组成,每个部件的可靠性是 0.8,已知至少有 50 个部件可靠时系统才可靠,用中心极限定理确定 n 至少多大时,系统的可靠性不小于 0.95?

12. (2003 年考研数学)设 $X_1, X_2, \cdots, X_n$ 相互独立,并且都服从参数为 2 的指数分布,则当 $n \to \infty$ 时,$Y_n = \dfrac{1}{n} \sum_{i=1}^{n} X_i^2$ 依概率收敛于_____.

第6章　统计量及其分布

数理统计是以概率论为基础,根据试验或观察得到的数据,来研究随机现象,并对研究对象的客观规律性作出种种合理的估计和判断的学科.

数理统计研究的内容随着科学技术和经济与社会的不断发展而逐步扩大,但概括地说可以分为两大类:① **试验的设计和研究**,即研究如何更合理更有效地获得观察资料的方法;② **统计推断**,即研究如何利用一定的资料对所关心的问题作出尽可能精确可靠的结论. 当然这两部分内容有着密切的联系,在实际应用中更应前后兼顾. 就本课程而言,**以统计推断为重点**,主要涉及统计量及其分布(第 6 章)、参数估计(第 7 章)和假设检验(第 8 章)等内容.

统计推断是利用试验或观察得到的部分带有随机性的统计数据,通过分析研究,对研究对象的统计规律性进行推测、预示和判断. 通俗地讲,就是由部分推断整体,但绝不是盲人摸象! 原因如下.

1. 大多情况下,不能直接研究整体,只能直接研究整体中的某些部分,之后对整体进行推断. 例如,为了研究长江的水质,我们不可能对整条江的水都做化验,但可以随机抽取 n 份江水(比如每份 500ml),对这 n 份水样做各种化验,利用这 n 份水质的指标去推断长江整体水质的指标.

2. 在整个推断过程中,有着严密的步骤和强大的理论支持,如三大统计分布、四大抽样分布定理、大数定律、极大似然思想等结论和定理.

数理统计的应用相当广泛,不仅在天文、气象、水文、地质、物理、化学、生物、医学等学科有其应用,而且在农业、工业、商业、军事、电讯等部门也有广泛的应用.

虽然概率论与数理统计在方法上是不同的,概率论是首先提出随机现象的数学模型,然后研究其性质、特点和规律性;数理统计则是从统计数据出发,以概率论为基础研究随机现象,但作为一门学科,它们相互渗透、互相联系.

§6.1　总体与随机样本

6.1.1　总体和个体

研究对象的全体称为**总体**,但有时仅指我们所关注的某一带有随机性的指标.因此总体一般可用随机变量 X 来表示,其分布函数用 $F(x)$ 来表示.

　　比如,研究我国高校学生的视力状况,总体是全国高校学生(的视力),根据概率论中相关知识,全国高校学生的视力可以用一个随机变量来描述,且应服从正态分布.所以抽象地说,在数理统计中,总体就是一个概率分布,若总体 $X \sim N(\mu, \sigma^2)$,则称为正态总体;若总体 $X \sim E(\lambda)$,则称为指数总体等.

　　组成总体的每个基本单位称为**个体**,但相对我们所关注的研究对象——总体的某一带有随机性的指标而言,研究个体也就是研究个体的这一随机性指标,因此每个个体都可以用一个随机变量来表示.

　　如上例,研究我国高校学生的视力状况,全国每一个高校学生都是一个个体,但我们只关注视力这一指标,而每一个学生的视力我们都可以用一个随机变量来描述.

　　总体按包含个体的数量分为有限总体和无限总体两类.有限总体包含的个体相当多时,为方便一般把它当做无限总体处理.

6.1.2　随机样本与样本值

　　从总体中抽取若干个体来观察某种数量指标的过程称为**抽样**,也称为取样或采样.抽样的基本思想和目的是从研究对象的全体中抽取一小部分进行观察和研究,从而对整体进行推断.

　　总体中抽出部分个体而成的集合,称为一个**样本**.因每个个体都可以表示为一个随机变量,所以样本可以表示为 $(X_1, X_2, \cdots, X_n)$.样本中所包含个体的个数称为**样本容量**.样本的每次具体抽样观察所得的数据称为**样本观察值**,简称**样本值**,表示为 $(x_1, x_2, \cdots, x_n)$.

　　对总体进行 n 次独立重复(有放回)抽取所取得的随机样本,称为**简单随机样本**.其具有如下特征:样本中的个体相互独立;样本中每个个体与总体具有相同的分布,简称"**独立同分布**".总体个体数目很大时,不放回抽取得到的样本也看做简单随机样本.此后所提到的样本都指简单随机样本.

　　若总体 X 的分布函数为 $F(x)$,则根据独立同分布的特征可知,样本 $(X_1, X_2, \cdots, X_n)$ 的联合分布函数为

$$F(x_1, x_2, \cdots, x_n) = \prod_{i=1}^{n} F(x_i);$$

　　若总体 X 是连续型的,概率密度函数为 $f(x)$,则样本 $(X_1, X_2, \cdots, X_n)$ 的联合概率密度为

$$f(x_1, x_2, \cdots, x_n) = \prod_{i=1}^{n} f(x_i);$$

　　若总体 X 是离散型的,分布律为 $P(x)$,则样本 $(X_1, X_2, \cdots, X_n)$ 的联合分布律为

$$P(x_1, x_2, \cdots, x_n) = \prod_{i=1}^{n} P(x_i).$$

例 6.1.1 设总体 $X \sim N(\mu, \sigma^2)$，$(X_1, X_2, \cdots, X_n)$ 为 X 的一个样本，求 $(X_1, X_2, \cdots, X_n)$ 的联合密度函数.

解 因为 $(X_1, X_2, \cdots, X_n)$ 为 X 的一个样本，所以 $X_1, X_2, \cdots, X_n$ 相互独立，且 $X_i \sim N(\mu, \sigma^2)$，$i = 1, 2, \cdots, n$. 样本 $(X_1, X_2, \cdots, X_n)$ 的联合密度函数为

$$\begin{aligned}
f(x_1, x_2, \cdots, x_n) &= \prod_{i=1}^{n} f(x_i) \\
&= \prod_{i=1}^{n} \frac{1}{\sqrt{2\pi}\sigma} e^{-\frac{(x_i-\mu)^2}{2\sigma^2}} \\
&= \left(\frac{1}{\sqrt{2\pi}\sigma}\right)^n e^{-\frac{1}{2\sigma^2}\sum_{i=1}^{n}(x_i-\mu)^2}.
\end{aligned}$$

例 6.1.2 设某电子产品的寿命 X 服从指数分布，密度函数为

$$f(x) = \begin{cases} \lambda e^{-\lambda x}, & x > 0 \\ 0, & x \leqslant 0 \end{cases},$$

$(X_1, X_2, \cdots, X_n)$ 为 X 的一个样本，求其联合密度函数.

解 因为 $(X_1, X_2, \cdots, X_n)$ 为 X 的一个样本，所以 $X_i \sim f(x_i)$，$i = 1, 2, \cdots, n$. 样本 $(X_1, X_2, \cdots, X_n)$ 的联合密度函数为

$$\begin{aligned}
f(x_1, x_2, \cdots, x_n) &= \prod_{i=1}^{n} f(x_i) \\
&= \begin{cases} \prod_{i=1}^{n} \lambda e^{-\lambda x_i}, & x_i > 0 (i = 1, 2, \cdots, n) \\ 0, & \text{其他} \end{cases} \\
&= \begin{cases} \lambda^n e^{-\lambda \sum_{i=1}^{n} x_i}, & x_i > 0 (i = 1, 2, \cdots, n) \\ 0, & \text{其他} \end{cases}.
\end{aligned}$$

例 6.1.3 某商场每天客流量 X 服从参数为 λ 的泊松分布，求其样本 $(X_1, X_2, \cdots, X_n)$ 的联合分布律.

解 总体 X 的分布律为 $P(X = x) = \frac{\lambda^x}{x!} e^{-\lambda}$，$x = 0, 1, 2, \cdots$. 样本 $(X_1, X_2, \cdots, X_n)$ 的联合分布律为

$$\begin{aligned}
P(X_1 = x_1, X_2 = x_2, \cdots, X_n = x_n) &= \prod_{i=1}^{n} P(X = x_i) \\
&= \prod_{i=1}^{n} \frac{\lambda^{x_i}}{x_i!} e^{-\lambda} \\
&= \frac{\lambda^{\sum_{i=1}^{n} x_i}}{x_1! x_2! \cdots x_n!} e^{-n\lambda}.
\end{aligned}$$

§6.2　统计量与抽样分布

样本是进行统计推断的依据. 在应用时,往往不是直接使用样本本身,而是针对不同的问题构造样本的适当函数,利用这些样本的函数进行统计推断,这些样本的函数称为统计量.

6.2.1　统计量

定义 6.2.1　设 $(X_1, X_2, \cdots, X_n)$ 是来自总体 X 的一个样本,$g(X_1, X_2, \cdots, X_n)$ 是 $(X_1, X_2, \cdots, X_n)$ 的连续函数且 g 中不含任何未知参数,则称 $g(X_1, X_2, \cdots, X_n)$ 为一个**统计量**;若 $(x_1, x_2, \cdots, x_n)$ 是样本 $(X_1, X_2, \cdots, X_n)$ 的**样本观察值**,则称 $g(x_1, x_2, \cdots, x_n)$ 为**统计值**,即 $g(X_1, X_2, \cdots, X_n)$ 的**观察值**.

如总体 $X \sim N(\mu, \sigma^2)$,$(X_1, X_2, \cdots, X_n)$ 为 X 的一个样本. ① 若 μ, σ^2 均未知,则 $\overline{X} = \dfrac{1}{n}\sum\limits_{i=1}^{n} X_i$,$\sum\limits_{i=1}^{n} X_i^2$ 均为统计量;$\overline{X} - \mu$,$\dfrac{1}{\sigma^2}\sum X_i^2$ 均不是统计量. ② 若 μ 已知,σ^2 未知,则 $\max(X_1, X_2, \cdots, X_5)$,$\overline{X} - \mu$ 均为统计量.

6.2.2　常用统计量

1. 样本均值(或样本平均数)：对于样本 $(X_1, X_2, \cdots, X_n)$,$\overline{X} = \dfrac{1}{n}\sum\limits_{i=1}^{n} X_i$ 称为**样本均值**.

2. 样本方差：对于样本 $(X_1, X_2, \cdots, X_n)$,$S^2 = \dfrac{1}{n-1}\sum\limits_{i=1}^{n}(X_i - \overline{X})^2$ 和 $S = \sqrt{\dfrac{1}{n-1}\sum\limits_{i=1}^{n}(X_i - \overline{X})^2}$ 分别称为**样本方差**和**样本标准差**.

稍加推导即可得到：

$$S^2 = \frac{1}{n-1}\sum_{i=1}^{n}(X_i - \overline{X})^2 = \frac{1}{n-1}\left(\sum_{i=1}^{n} X_i^2 - 2\sum_{i=1}^{n} X_i\overline{X} + n\overline{X}^2\right)$$

$$= \frac{1}{n-1}\left(\sum_{i=1}^{n} X_i^2 - 2n\overline{X}^2 + n\overline{X}^2\right) = \frac{1}{n-1}\left(\sum_{i=1}^{n} X_i^2 - n\overline{X}^2\right).$$

3. 样本原点矩、中心矩

样本 k 阶原点矩：对于样本 $(X_1, X_2, \cdots, X_n)$,$A_k = \dfrac{1}{n}\sum\limits_{i=1}^{n} X_i^k$ 称为**样本 k 阶原点矩**,$k = 1, 2, \cdots$;

样本 k 阶中心矩：对于样本 $(X_1, X_2, \cdots, X_n)$，$B_k = \dfrac{1}{n}\displaystyle\sum_{i=1}^{n}(X_i - \overline{X})^k$ 称为样本 k 阶中心矩，$k = 1, 2, \cdots$.

它们的观察值分别为

$$\overline{x} = \frac{1}{n}\sum_{i=1}^{n} x_i ;$$

$$s^2 = \frac{1}{n-1}\sum_{i=1}^{n}(x_i - \overline{x})^2 \text{ 和 } s = \sqrt{\frac{1}{n-1}\sum_{i=1}^{n}(x_i - \overline{x})^2} ;$$

$$a_k = \frac{1}{n}\sum_{i=1}^{n} x_i^k, k = 1, 2, \cdots ;$$

$$b_k = \frac{1}{n}\sum_{i=1}^{n}(x_i - \overline{x})^k, k = 1, 2, \cdots.$$

这些观察值仍分别称为样本均值、样本方差、样本标准差、样本 k 阶原点矩、样本 k 阶中心矩.

因为 $X_1, X_2, \cdots, X_n$ 相互独立且与总体 X 同分布，所以 $X_1^k, X_2^k, \cdots, X_n^k$ 相互独立且与 X^k 同分布，若总体 X 的 k 阶原点矩 $E(X^k) = \mu_k$ 存在，则

$$E(X_1^k) = E(X_2^k) = \cdots = E(X_n^k) = \mu_k,$$

由大数定律知，当 $n \to \infty$ 时，

$$A_k = \frac{1}{n}\sum_{i=1}^{n} X_i^k \xrightarrow{P} \mu_k, k = 1, 2, \cdots.$$

另外，由依概率收敛的序列的性质不难推出，当 $n \to \infty$ 时，

$$g(A_1, A_2, \cdots, A_n) \xrightarrow{P} g(\mu_1, \mu_2, \cdots, \mu_n),$$

其中 g 为连续函数. 这是下一章所要介绍的矩估计法的理论依据.

从统计量的定义可以看出，统计量 $g(X_1, X_2, \cdots, X_n)$ 是样本 $(X_1, X_2, \cdots, X_n)$ 的函数，由于样本 $(X_1, X_2, \cdots, X_n)$ 是 n 个随机变量，所以统计量 $g(X_1, X_2, \cdots, X_n)$ 是 n 个随机变量的函数，所以统计量 $g(X_1, X_2, \cdots, X_n)$ 仍是一个随机变量. 我们称统计量的分布为**抽样分布**. 当总体的分布已知时，抽样分布是确定的. 下面介绍几个常用统计量的分布.

6.2.3 常用统计量的三大分布 ——χ^2 分布、t 分布和 F 分布

1. χ^2 分布

（1）χ^2 分布的概念

定义 6.2.2 设 $(X_1, X_2, \cdots, X_n)$ 是来自总体 $N(0, 1)$ 的一个样本，则称统计量 $\displaystyle\sum_{i=1}^{n} X_i^2$ 服从自由度为 n 的 χ^2 分布，记为 $\displaystyle\sum_{i=1}^{n} X_i^2 \sim \chi^2(n)$.

此处,自由度指独立变量的个数.

经过理论推导可知,χ^2 分布的概率密度函数为

$$f(x) = \begin{cases} \dfrac{1}{2^{\frac{n}{2}}\Gamma\left(\dfrac{n}{2}\right)} x^{\frac{n}{2}-1} \mathrm{e}^{-\frac{x}{2}}, & x > 0 \\ \\ 0, & x \leqslant 0 \end{cases}.$$

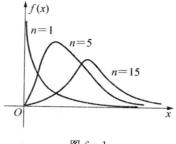

图 6 - 1

$f(x)$ 的图形如图 6-1 所示,其形状与自由度有关.

(2) χ^2 分布的性质

① 若 $X \sim \chi^2(n)$,则 $E(X) = n, D(X) = 2n$.

② χ^2 分布的可加性.若 $X \sim \chi^2(n_1), Y \sim \chi^2(n_2)$,且 X 与 Y 相互独立,则 $X + Y \sim \chi^2(n_1 + n_2)$.

(3) χ^2 分布的上 α 分位点

设 $X \sim \chi^2(n)$,对于给定的数 $\alpha, 0 < \alpha < 1$,称满足条件 $P(X > \chi_\alpha^2(n)) = \int_{\chi_\alpha^2(n)}^{+\infty} f(x)\mathrm{d}x = \alpha$ 的数 $\chi_\alpha^2(n)$ 为 χ^2 分布的上 α 分位点.其几何意义如图 6-2 所示.

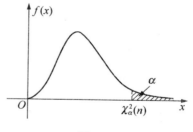

图 6 - 2

χ^2 分布的上 α 分位点可查 χ^2 分布表(见附表3)得到.例如,给定 $\alpha = 0.1, n = 20$,查 χ^2 分布表可得 $\chi_{0.1}^2(20) = 28.41$.

例 6.2.1　设总体 $X \sim N(\mu, \sigma^2)$,(X_1, X_2, X_3) 为 X 的一个样本,求 $\left(\dfrac{X_1 - \mu}{\sigma}\right)^2 + \left(\dfrac{X_2 - \mu}{\sigma}\right)^2 + \left(\dfrac{X_3 - \mu}{\sigma}\right)^2$ 的分布.

解　因为 (X_1, X_2, X_3) 为 X 的一个样本,$X_i \sim N(\mu, \sigma^2)$,$\dfrac{X_i - \mu}{\sigma} \sim N(0,1)$,$i = 1, 2, 3$,所以 $\left(\dfrac{X_1 - \mu}{\sigma}\right)^2 + \left(\dfrac{X_2 - \mu}{\sigma}\right)^2 + \left(\dfrac{X_3 - \mu}{\sigma}\right)^2 \sim \chi^2(3)$.

例 6.2.2　总体 $X \sim N(\mu, \sigma^2)$,$(X_1, X_2, \cdots, X_{16})$ 为 X 的一个样本,求 $P\left(\dfrac{\sigma^2}{2} \leqslant \dfrac{1}{16}\sum_{i=1}^{16}(X_i - \mu)^2 \leqslant 2\sigma^2\right)$.

解　因为 $X \sim N(\mu, \sigma^2)$,所以 $X_i \sim N(\mu, \sigma^2)$,$\dfrac{X_i - \mu}{\sigma} \sim N(0,1)$,$i = 1, 2, \cdots, 16$,$\sum_{i=1}^{16}\left(\dfrac{X_i - \mu}{\sigma}\right)^2 \sim \chi^2(16)$.

$$P\left(\frac{\sigma^2}{2} \leqslant \frac{1}{16}\sum_{i=1}^{16}(X_i - \mu)^2 \leqslant 2\sigma^2\right) = P\left(8 \leqslant \sum_{i=1}^{16}\left(\frac{X_i - \mu}{\sigma}\right)^2 \leqslant 32\right)$$
$$= P(\chi^2(16) \leqslant 32) - P(\chi^2(16) < 8)$$
$$= 0.99 - 0.05 = 0.94.$$

2. t 分布(学生氏分布)

(1) t 分布的概念

定义 6.2.3　若 $X \sim N(0,1), Y \sim \chi^2(n)$,且 X 与 Y 相互独立,则称随机变

量 $T = \dfrac{X}{\sqrt{Y/n}}$ 服从**自由度为 n 的 t 分布**,记为 $T \sim t(n)$.

经过理论推导可知,t 分布的概率密度函

数为

$$f(x) = \frac{\Gamma\left(\frac{n+1}{2}\right)}{\sqrt{n\pi}\,\Gamma\left(\frac{n}{2}\right)}\left(1 + \frac{x^2}{n}\right)^{-\frac{n+1}{2}},$$
$$-\infty < x < \infty.$$

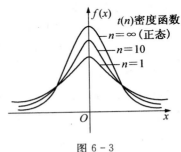

图 6 - 3

$f(x)$ 的图形如图 6-3 所示,其形状与自

由度有关.

例 6.2.3　总体 $X \sim N(\mu, \sigma^2)$,(X_1, X_2, X_3) 为 X 的一个样本,求

$\dfrac{\sqrt{2}(X_1 - \mu)}{\sqrt{(X_2 - \mu)^2 + (X_3 - \mu)^2}}$ 的分布.

解　因为 $X \sim N(\mu, \sigma^2)$,(X_1, X_2, X_3) 为 X 的一个样本,所以 $X_i \sim N(\mu, \sigma^2)$,

$\dfrac{X_i - \mu}{\sigma} \sim N(0,1), i = 1,2,3$,且 $\left(\dfrac{X_2 - \mu}{\sigma}\right)^2 + \left(\dfrac{X_3 - \mu}{\sigma}\right)^2 \sim \chi^2(2)$;

根据 t 分布定义得:

$$\frac{\dfrac{X_1 - \mu}{\sigma}}{\sqrt{\dfrac{\left(\dfrac{X_2 - \mu}{\sigma}\right)^2 + \left(\dfrac{X_3 - \mu}{\sigma}\right)^2}{2}}} \sim t(2),\ 即\ \frac{\sqrt{2}(X_1 - \mu)}{\sqrt{(X_2 - \mu)^2 + (X_3 - \mu)^2}} \sim t(2).$$

(2) 基本性质

① $f(x)$ 关于 $x = 0$(纵轴)对称;

② $f(x)$ 的极限为标准正态分布 $N(0,1)$ 的密度函数,即

$$\lim_{n\to\infty} f(x) = \varphi(x) = \frac{1}{\sqrt{2\pi}}e^{-\frac{x^2}{2}},\ -\infty < x < \infty.$$

(3) t 分布的上 α 分位点

设 $T \sim t(n)$，对于给定的数 $\alpha, 0 < \alpha < 1$，称满足条件 $P(T > t_\alpha(n)) = \int_{t_\alpha(n)}^{+\infty} f(x)\mathrm{d}x = \alpha$ 的数 $t_\alpha(n)$ 为 **t 分布的上 α 分位点**. 其几何意义如图 $6-4$ 所示.

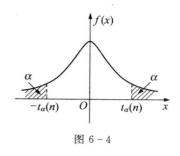

图 $6-4$

t 分布的上 α 分位点可查 t 分布表（见附表 4）得到.

注：表中仅给出了接近 0 的 α 值，对接近 1 的 α 值要先应用公式 $t_{1-\alpha}(n) = -t_\alpha(n)$ 再查找.

3. F 分布

（1）F 分布的概念

定义 6.2.4　若 $X \sim \chi^2(n_1), Y \sim \chi^2(n_2)$，且 X 与 Y 相互独立，则称随机变量 $F = \dfrac{X/n_1}{Y/n_2}$ 服从**第一自由度为 n_1，第二自由度为 n_2 的 F 分布**，记为 $F \sim F(n_1, n_2)$.

经过理论推导可知，其概率密度为

$$f(x) = \begin{cases} \dfrac{\Gamma\left(\dfrac{n_1+n_2}{2}\right)\left(\dfrac{n_1}{n_2}\right)^{\frac{n_1}{2}} x^{\frac{n_1}{2}-1}}{\Gamma\left(\dfrac{n_1}{2}\right)\Gamma\left(\dfrac{n_2}{2}\right)\left(1+\dfrac{n_1}{n_2}x\right)^{(n_1+n_2)/2}}, & x > 0 \\ 0, & x \leqslant 0 \end{cases}.$$

$f(x)$ 的图形如图 $6-5$ 所示，其形状与自由度 n_1, n_2 均有关.

注：显然，若 $T = \dfrac{X}{\sqrt{Y/n}} \sim t(n)$，则

$$T^2 = \left(\dfrac{X}{\sqrt{Y/n}}\right)^2 = \dfrac{X^2/1}{Y/n} \sim F(1, n).$$

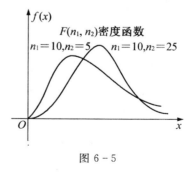

图 $6-5$

例 6.2.4　设 $(X_1, X_2, \cdots, X_5)$ 为取自正态总体 $X \sim N(0, \sigma^2)$ 的样本，求统计量 $\dfrac{3(X_1^2 + X_2^2)}{2(X_3^2 + X_4^2 + X_5^2)}$ 的分布.

解　因为 $X \sim N(0, \sigma^2)$，$(X_1, X_2, \cdots, X_5)$ 为来自总体 X 的样本，所以 $X_i \sim N(0, \sigma^2)$，$\dfrac{X_i - 0}{\sigma} = \dfrac{X_i}{\sigma} \sim N(0,1), i = 1, 2, \cdots, 5$，由 χ^2 分布的定义

$$\left(\dfrac{X_1}{\sigma}\right)^2 + \left(\dfrac{X_2}{\sigma}\right)^2 \sim \chi^2(2);$$

$$\left(\frac{X_3}{\sigma}\right)^2 + \left(\frac{X_4}{\sigma}\right)^2 + \left(\frac{X_5}{\sigma}\right)^2 \sim \chi^2(3).$$

因此由 F 分布的定义,

$$\frac{\dfrac{\left(\dfrac{X_1}{\sigma}\right)^2 + \left(\dfrac{X_2}{\sigma}\right)^2}{2}}{\dfrac{\left(\dfrac{X_3}{\sigma}\right)^2 + \left(\dfrac{X_4}{\sigma}\right)^2 + \left(\dfrac{X_5}{\sigma}\right)^2}{3}} \sim F(2,3),$$

即

$$\frac{3(X_1^2 + X_2^2)}{2(X_3^2 + X_4^2 + X_5^2)} \sim F(2,3).$$

(2) F 分布的上 α 分位点

① F 分布的上 α 分位点的概念

定义 6.2.5 设 $F \sim F(n_1, n_2)$,对于给定的数 α,$0 < \alpha < 1$,称满足条件 $P(F > F_\alpha(n_1, n_2)) = \int_{F_\alpha(n_1, n_2)}^{+\infty} f(x)\,\mathrm{d}x = \alpha$ 的数 $F_\alpha(n_1, n_2)$ 为 **F 分布的上 α 分位点**. 其几何意义如图 6-6 所示.

F 分布的上 α 分位点可查 F 分布表(见附表 5)得到.

② F 分布的性质

不加证明地给出 F 分布的一个性质:

$$F_{1-\alpha}(n_1, n_2) = \frac{1}{F_\alpha(n_2, n_1)}.$$

注:附表 5 中给出了 α 接近 0 的 F 分布的上 α 分位点值,但对 α 接近 1 的上 α 分位点值要先应用上述公式再查找.

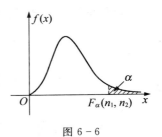

图 6-6

6.2.4　几个重要的抽样分布定理

以下介绍总体为正态分布时的几个重要的抽样分布定理,它们是以后各章的理论基础,其结论应熟记.

定理 6.2.1 设 $(X_1, X_2, \cdots, X_n)$ 是取自正态总体 $N(\mu, \sigma^2)$ 的样本,则有

(1) 样本均值的分布

① $\overline{X} \sim N\left(\mu, \dfrac{\sigma^2}{n}\right)$;② $\dfrac{\overline{X} - \mu}{\dfrac{\sigma}{\sqrt{n}}} \sim N(0,1)$.

(2) 样本方差的分布

① $\dfrac{(n-1)S^2}{\sigma^2} \sim \chi^2(n-1)$;② $\overline{X}$ 与 S^2 相互独立.

定理的结论(1)是显然的,结论(2)的证明超出本书范围,在此略去.

定理 6.2.2　设$(X_1, X_2, \cdots, X_n)$是取自正态总体 $N(\mu, \sigma^2)$ 的样本,$\overline{X}$ 和 S^2 分别为样本均值和样本方差,则有 $\dfrac{\overline{X} - \mu}{S/\sqrt{n}} \sim t(n-1)$.

证明　由定理 6.2.1 知 $\dfrac{\overline{X} - \mu}{\frac{\sigma}{\sqrt{n}}} \sim N(0,1)$,$\dfrac{(n-1)S^2}{\sigma^2} \sim \chi^2(n-1)$,且 $\dfrac{\overline{X} - \mu}{\frac{\sigma}{\sqrt{n}}}$ 与 $\dfrac{(n-1)S^2}{\sigma^2}$ 相互独立,则由 t 分布的定义得

$$\frac{\dfrac{\overline{X} - \mu}{\frac{\sigma}{\sqrt{n}}}}{\sqrt{\dfrac{\frac{(n-1)S^2}{\sigma^2}}{n-1}}} = \frac{\overline{X} - \mu}{S/\sqrt{n}} \sim t(n-1).$$

定理 6.2.3　(两正态总体样本均值差的分布) 设 $X \sim N(\mu_1, \sigma^2)$,$Y \sim N(\mu_2, \sigma^2)$,且 X 与 Y 独立,$(X_1, X_2, \cdots, X_{n_1})$ 是取自 X 的样本,$(Y_1, Y_2, \cdots, Y_{n_2})$ 是取自 Y 的样本,$\overline{X}$ 和 $\overline{Y}$ 分别是这两个样本的样本均值,S_1^2 和 S_2^2 分别是这两个样本的样本方差,则有

$$\frac{\overline{X} - \overline{Y} - (\mu_1 - \mu_2)}{\sqrt{\dfrac{(n_1-1)S_1^2 + (n_2-1)S_2^2}{n_1 + n_2 - 2}}\sqrt{\dfrac{1}{n_1} + \dfrac{1}{n_2}}} \sim t(n_1 + n_2 - 2).$$

定理 6.2.4　(两正态总体样本方差比的分布) 设 $X \sim N(\mu_1, \sigma_1^2)$,$Y \sim N(\mu_2, \sigma_2^2)$,且 X 与 Y 独立,$(X_1, X_2, \cdots, X_{n_1})$ 是取自 X 的样本,$(Y_1, Y_2, \cdots, Y_{n_2})$ 是取自 Y 的样本,$\overline{X}$ 和 $\overline{Y}$ 分别是这两个样本的样本均值,S_1^2 和 S_2^2 分别是这两个样本的样本方差,则有

$$\frac{S_1^2/\sigma_1^2}{S_2^2/\sigma_2^2} \sim F(n_1-1, n_2-1).$$

例 6.2.5　在总体 $X \sim N(80, 400)$ 中随机抽取容量为 100 的样本,求样本均值与总体期望之差的绝对值大于 3 的概率.

解　由定理 6.2.1 知 $\overline{X} \sim N\left(80, \dfrac{400}{100}\right) = N(80, 4)$,$\dfrac{\overline{X} - 80}{4} \sim N(0,1)$,所求概率为

$$\begin{aligned} P(|\overline{X} - 80| > 3) &= P(\overline{X} - 80 > 3) + P(\overline{X} - 80 < -3) \\ &= P(\overline{X} > 83) + P(\overline{X} < 77) \\ &= 1 - \Phi\left(\frac{83-80}{2}\right) + \Phi\left(\frac{77-80}{2}\right) \end{aligned}$$

$$= 2(1 - \Phi(1.5)) = 0.1336.$$

例 6.2.6 在总体 $X \sim N(\mu, \sigma^2)$ 中随机抽取一容量为 16 的样本,这里 μ, σ^2 均未知,样本方差为 S^2,求 $P\left(\dfrac{S^2}{\sigma^2} \leqslant 2.04\right)$.

解 由定理 6.2.1 知 $\dfrac{(n-1)S^2}{\sigma^2} \sim \chi^2(n-1)$,样本容量 $n = 16$ 代入得 $\dfrac{15S^2}{\sigma^2} \sim \chi^2(15)$. 于是

$$P\left(\frac{S^2}{\sigma^2} \leqslant 2.04\right) = P\left(\frac{15S^2}{\sigma^2} \leqslant 15 \times 2.04\right)$$

$$= P\left(\frac{15S^2}{\sigma^2} \leqslant 30.6\right)$$

$$= 1 - P\left(\frac{15S^2}{\sigma^2} > 30.6\right).$$

由 χ^2 分布的上 α 分位点的定义及查 χ^2 分布表得 $P\left(\dfrac{15S^2}{\sigma^2} > 30.6\right) = 0.01$,

则

$$P\left(\frac{S^2}{\sigma^2} \leqslant 2.04\right) = 1 - 0.01 = 0.99.$$

第 6 章习题

A 组

1. 设 $(X_1, X_2, \cdots, X_n)$ 为总体 $X \sim N(0,1)$ 的一个样本，$\overline{X}$ 为样本均值，S^2 为样本方差，则有　　　　　　　　　　　　　　　　　　　　（　　）

A. $\overline{X} \sim N(0,1)$

B. $n\overline{X} \sim N(0,1)$

C. $\overline{X}/S \sim t(n-1)$

D. $(n-1)X_1^2 / \sum\limits_{i=2}^{n} X_i^2 \sim F(1, n-1)$

2. 设 $(X_1, X_2, \cdots, X_n)$ 为总体 $N(1, 2^2)$ 的一个样本，$\overline{X}$ 为样本均值，则下列结论中正确的是　　　　　　　　　　　　　　　　　　　　　（　　）

A. $\dfrac{\overline{X} - 1}{2/\sqrt{n}} \sim t(n)$

B. $\dfrac{1}{4} \sum\limits_{i=1}^{n} (X_i - 1)^2 \sim F(n, 1)$

C. $\dfrac{\overline{X} - 1}{\sqrt{2}/\sqrt{n}} \sim N(0,1)$

D. $\dfrac{1}{4} \sum\limits_{i=1}^{n} (X_i - 1)^2 \sim \chi^2(n)$

3. 设 $(X_1, X_2, \cdots, X_n)$ 是来自正态总体 $N(\mu, 1)$ 的一个简单随机样本，$\overline{X}$，S^2 分别为样本均值与样本方差，则　　　　　　　　　　　　　　　（　　）

A. $\overline{X} \sim N(0,1)$

B. $\sum\limits_{i=1}^{n} (X_i - \overline{X})^2 \sim \chi^2(n-1)$

C. $\sum\limits_{i=1}^{n} (X_i - \mu)^2 \sim \chi^2(n)$

D. $\dfrac{\overline{X}}{S/\sqrt{n-1}} \sim t(n-1)$

4. (2002 年考研数学) 设随机变量 X 与 Y 都服从标准正态分布且相互独立，则　　　　　　　　　　　　　　　　　　　　　　　　　　　　（　　）

A. $X+Y$ 服从正态分布

B. $X^2 + Y^2$ 服从 χ^2 分布

C. X^2 与 Y^2 服从 χ^2 分布

D. X^2 / Y^2 服从 F 分布

5. (2003 年考研数学) 设随机变量 $X \sim t(n)$，$Y = \dfrac{1}{X^2}$，则　　　（　　）

A. $Y \sim \chi^2(n)$

B. $Y \sim \chi^2(n-1)$

C. $Y \sim F(n, 1)$

D. $Y \sim F(1, n)$

6. (2005 年考研数学) 设 $(X_1, X_2, \cdots, X_n)(n \geqslant 2)$ 为来自总体 $N(0,1)$ 的简单随机样本，则　　　　　　　　　　　　　　　　　　　　　　（　　）

A. $n\overline{X} \sim N(0,1)$

B. $nS^2 \sim \chi^2(n)$

C. $\dfrac{(n-1)\overline{X}}{S} \sim t(n)$

D. $\dfrac{(n-1)X_1^2}{\sum\limits_{i=2}^{n} X_i^2} \sim F(1, n-1)$

7. 设 $\overline{X}$ 为总体 $X \sim N(3,4)$ 中抽取的样本 (X_1,X_2,X_3,X_4) 的均值,则 $P(-1 < \overline{X} < 5) = $ _____.

8. 设 $(X_1,X_2,\cdots,X_6)$ 是取自总体 $X \sim N(0,1)$ 的样本,$Y = \left(\sum\limits_{i=1}^{3} X_i\right)^2 + \left(\sum\limits_{i=4}^{6} X_i\right)^2$,则当 $c = $ _____ 时,cY 服从 χ^2 分布,$E(\chi^2) = $ _____.

9. 总体为 $X \sim N(1,2^2)$,样本为 $(X_1,X_2,\cdots,X_n)$,则样本均值 $\overline{X}$ 服从的分布为 _____,$\dfrac{1}{4}\sum\limits_{i=1}^{n}(X_i - 1)^2$ 服从的分布为 _____.

10. (2001 年考研数学)设总体 $X \sim N(0,2^2)$,$(X_1,X_2,\cdots,X_{15})$ 为样本,则随机变量 $Y = \dfrac{X_1^2 + \cdots + X_{10}^2}{2(X_{11}^2 + \cdots + X_{15}^2)}$ 服从的分布为 _____.

11. 设 $X \sim t(m)$,则随机变量 $Y = X^2$ 服从的分布为 _____(需写出自由度).

12. (2004 年考研数学)总体 $X \sim N(\mu_1,\sigma^2)$,$Y \sim N(\mu_2,\sigma^2)$,$(X_1,X_2,\cdots,X_n)$ 与 $(Y_1,Y_2,\cdots,Y_m)$ 为来自总体 X 和 Y 的简单随机样本,则
$$E\left[\dfrac{\sum\limits_{i=1}^{n}(X_i - \overline{X})^2 + \sum\limits_{i=1}^{m}(Y_i - \overline{Y})^2}{n+m-2}\right] = \text{_____}.$$

13. (2006 年考研数学)设总体 X 的概率密度为 $f(x) = \dfrac{1}{2}e^{-|x|}$,$-\infty < x < +\infty$,$(X_1,X_2,\cdots,X_n)$ 为总体 X 的简单随机样本,其样本方差为 S^2,则 $E(S^2) = $ _____.

14. (2010 年考研数学)设 $(X_1,X_2,\cdots,X_n)$ 为来自总体 $X \sim N(\mu,\sigma^2)$ 的简单随机样本,统计量 $T = \dfrac{1}{n}\sum\limits_{i=1}^{n}X_i^2$,则 $E(T) = $ _____.

B 组

1. 设总体 $X \sim N(\mu,\sigma^2)$,其中 μ 已知,σ^2 未知,(X_1,X_2,X_3) 为一个样本,试指出 $X_1 + X_2 + X_3$,$X_1 - 2\mu$,$\max(X_1,X_2,X_3)$,$\dfrac{1}{\sigma^2}\sum\limits_{i=1}^{3}X_i$ 及 $\dfrac{X_3 - X_2}{2}$ 之中,哪些是统计量?哪些不是?为什么?

2. (2011 年考研数学)设总体 X 服从参数为 $\lambda(\lambda > 0)$ 的泊松分布,$(X_1,X_2,\cdots,X_n)$ 为来自总体 X 的一个简单随机样本,对应的统计量 $T_1 = \dfrac{1}{n}\sum\limits_{i=1}^{n}X_i$,$T_2 = \dfrac{1}{n-1}\sum\limits_{i=1}^{n-1}X_i + \dfrac{1}{n}X_n$,求 $E(T_1)$,$E(T_2)$,$D(T_1)$,$D(T_2)$.

3. 在总体 $X \sim N(52, 6.3^2)$ 中随机抽取一容量为 36 的样本,求样本均值 $\overline{X}$ 落在 50.8 至 53.8 之间的概率.

4. 设总体 $X \sim N(\mu, 6)$,从中随机抽取一容量为 25 的样本,求样本方差 S^2 小于 9.1 的概率.

5. 设总体 $X \sim N(12, 4^2)$,$(X_1, X_2, \cdots, X_6)$ 为从中随机抽取的样本,求: (1) $\overline{X}$ 服从的分布;(2) $P(\overline{X} > 13)$.

6. 设总体 $X \sim N(\mu, \sigma^2)$,$(X_1, X_2, \cdots, X_{20})$ 为来自总体 X 的一个简单随机样本,求 $P\left(11.7\sigma^2 \leqslant \sum_{i=1}^{20} (X_i - \overline{X})^2 \leqslant 38.6\sigma^2\right)$.

第7章　参数估计

数理统计中的估计问题是多种多样的,本质是如何从样本的信息去估计和推断总体的信息,即从总体 X 中抽出样本 $(X_1, X_2, \cdots, X_n)$,得到样本值 $(x_1, x_2, \cdots, x_n)$,去估计和推断出总体 X 的信息.当对总体的信息完全不知时,我们希望知道它服从什么分布、分布函数是什么、分布律或概率密度函数是什么等,有了这些信息,我们就可以利用概率论的知识研究总体的概率特性.这些问题说来很自然合理,但做起来却较为复杂和困难.

本章中,我们学习一类简单但重要的估计问题:参数估计.

参数估计:已知总体的分布类型,即知道了总体的分布律或概率密度函数,但未知其中含有的参数,根据取得的样本值,估计总体的未知参数.

例如,电视机的寿命过程和灯泡的寿命过程都服从指数分布,即概率密度函数的形式均为 $f(x) = \begin{cases} \lambda e^{-\lambda x}, & x > 0 \\ 0, & x \leqslant 0 \end{cases}$ $(\lambda > 0)$,但显然电视机寿命的分布与灯泡寿命的分布一般是不一样的,由概率论的知识知道期望为 λ^{-1},方差为 λ^{-2},可见参数反映了两种分布的差别.因此参数估计是很重要的,在实际问题中也是经常遇到的.

参数估计的方法分为两类:一类是点估计,另一类是区间估计.

§7.1　点估计

对总体的未知参数 θ,构造一个统计量 $\hat{\theta}(X_1, X_2, \cdots, X_n)$ 去估计该未知参数 θ,即对于样本 $(X_1, X_2, \cdots, X_n)$ 的一组观察值 $(x_1, x_2, \cdots, x_n)$,用 $\hat{\theta}(x_1, x_2, \cdots, x_n)$ 的值作为未知参数 θ 的近似值,$\theta \approx \hat{\theta}(x_1, x_2, \cdots, x_n)$,称 $\hat{\theta}(X_1, X_2, \cdots, X_n)$ 为未知参数 θ 的一个**点估计量**,称 $\hat{\theta}(x_1, x_2, \cdots, x_n)$ 为未知参数 θ 的一个**点估计值**.点估计量和点估计值统称为点估计,简记为 $\hat{\theta}$.

注:点估计量作为样本的函数仍是随机变量,对于不同的样本值,未知参数 θ 的点估计值一般是不相同的.

下面介绍点估计常见的三种求法:矩估计法、顺序统计量法和极大似然估计法.

7.1.1　矩估计法

矩估计法就是用样本矩去估计相应的总体矩,用样本矩的连续函数去估计相应总体矩的连续函数.矩估计法由英国统计学家 Pearson 于 1894 年提出,是最古老的点估计法.

矩估计法一般做法:① 总体有几个未知参数,分别求出总体的一阶到几阶原点矩,用未知参数表示;② 把未知参数解出,用总体的矩表示;③ 分别用样本的各阶矩去估计(即代替)总体的各阶矩得出参数的矩估计结果.

若总体 X 中包含 k 个未知参数 $\theta_1,\theta_2,\cdots,\theta_k$,则可建立如下 k 个方程:

$$\begin{cases} E(X) = A_1 = \dfrac{1}{n}\sum_{i=1}^{n} X_i \\ E(X^2) = A_2 = \dfrac{1}{n}\sum_{i=1}^{n} X_i^2 \\ \qquad\vdots \\ E(X^k) = A_k = \dfrac{1}{n}\sum_{i=1}^{n} X_i^k \end{cases}$$

这是一个包含 k 个未知量、k 个方程的方程组.一般来说,我们可以从中解得 $\theta_1 = \hat{\theta}_1(X_1,X_2,\cdots,X_n),\theta_2 = \hat{\theta}_2(X_1,X_2,\cdots,X_n),\cdots,\theta_k = \hat{\theta}_k(X_1,X_2,\cdots,X_n)$,它们就是未知参数 $\theta_1,\theta_2,\cdots,\theta_k$ 的矩估计量.

例 7.1.1　设总体 $X \sim N(\mu,\sigma^2)$,$(X_1,X_2,\cdots,X_n)$ 是来自总体 X 的一个样本,样本值为 $(x_1,x_2,\cdots,x_n)$,求未知参数 μ,σ^2 的矩估计值.

解　(1)总体有两个未知参数,求出总体的一阶和二阶原点矩:

$$\begin{cases} E(X) = \mu \\ E(X^2) = \mu^2 + \sigma^2 \end{cases};$$

(2)解出参数:

$$\begin{cases} \mu = E(X) \\ \sigma^2 = E(X^2) - [E(X)]^2 \end{cases};$$

(3)分别用样本的一阶和二阶原点矩估计(代替)总体的一阶和二阶原点矩,得到参数 μ,σ^2 的矩估计量:

$$\begin{cases} \hat{\mu} = A_1 = \dfrac{1}{n}\sum_{i=1}^{n} X_i = \overline{X} \\ \hat{\sigma}^2 = A_2 - A_1^2 = \dfrac{1}{n}\sum_{i=1}^{n} X_i^2 - (\overline{X})^2 = \dfrac{1}{n}\sum_{i=1}^{n}(X_i - \overline{X})^2 \end{cases},$$

代入样本值得到参数 μ,σ^2 的矩估计值:

$$\begin{cases} \hat{\mu} = \dfrac{1}{n} \sum_{i=1}^{n} x_i = \overline{x} \\ \hat{\sigma}^2 = \dfrac{1}{n} \sum_{i=1}^{n} (x_i - \overline{x})^2 \end{cases}$$

例 7.1.2 总体 X 服从参数为 p 的 0-1 分布，$(X_1, X_2, \cdots, X_n)$ 是来自总体 X 的一个样本，求未知参数 p 的矩估计量.

解 因为 $E(X) = p$，所以由矩估计法，令 $\dfrac{1}{n} \sum_{i=1}^{n} X_i = p$，解得参数 p 的矩估计量为

$$\hat{p} = \frac{1}{n} \sum_{i=1}^{n} X_i.$$

例 7.1.3 设总体 X 的概率密度为 $f(x;\theta) = \begin{cases} \theta, & 0 < x < 1 \\ 1-\theta, & 1 \leqslant x < 2, \\ 0, & 其他 \end{cases}$ 其中

θ 是未知参数 $(0 < \theta < 1)$，$(X_1, X_2, \cdots, X_n)$ 为来自总体 X 的一个简单随机样本，样本值为 $(x_1, x_2, \cdots, x_n)$，求 θ 的矩估计值.

解 总体有一个未知参数，求出总体的一阶原点矩

$$E(X) = \int_{-\infty}^{+\infty} x f(x) \mathrm{d}x = \int_{0}^{1} x \cdot \theta \mathrm{d}x + \int_{1}^{2} x \cdot (1-\theta) \mathrm{d}x = \frac{3}{2} - \theta,$$

令 $\dfrac{1}{n} \sum_{i=1}^{n} X_i = \dfrac{3}{2} - \theta$，解得 θ 的矩估计量为 $\hat{\theta} = \dfrac{3}{2} - \dfrac{1}{n} \sum_{i=1}^{n} X_i = \dfrac{3}{2} - \overline{X}$，

θ 的矩估计值为 $\qquad \hat{\theta} = \dfrac{3}{2} - \dfrac{1}{n} \sum_{i=1}^{n} x_i = \dfrac{3}{2} - \overline{x}.$

7.1.2 顺序统计量法

设总体 X，抽出样本 $(X_1, X_2, \cdots, X_n)$，样本值为 $(x_1, x_2, \cdots, x_n)$，将样本个体从小到大排列，表示为 $X_1^*, X_2^*, \cdots, X_n^*$.

定义**样本中位数**为

$$X_{中} = \begin{cases} X_{\frac{n+1}{2}}^*, & 若 n 是奇数 \\ (X_{\frac{n}{2}}^* + X_{\frac{n}{2}+1}^*), & 若 n 是偶数 \end{cases}.$$

定义**样本极差**为

$$R = X_n^* - X_1^* = \max(X_1, X_2, \cdots, X_n) - \min(X_1, X_2, \cdots, X_n).$$

用样本中位数 $X_{中}$ 作为总体均值 $E(X)$ 的估计量：$\hat{E}(X) = X_{中}$；总体的标准差 $\sqrt{D(X)}$ 用样本极差 R 的函数作为估计量：$\sqrt{\hat{D}(X)} = \dfrac{R}{d_n}$，其中 d_n 的数值

见表 7 − 1.

表 7 − 1

n	2	3	4	5	6	7	8	9	10
d_n	1.128	1.693	2.509	2.326	2.534	2.704	2.847	2.970	3.078

$X_中$ 和 R 都是样本按大小顺序排列而确定的,故称为顺序统计量,相应的估计方法称为**顺序统计量法**.

例 7.1.4 设总体 X 为某厂产品的使用寿命(单位：小时),现抽查 10 件产品进行寿命测试,结果如下：105,110,108,112,120,125,104,113,130,120. 使用顺序统计量法估计总体的均值和标准差.

解 对样本数据进行计算,中位数和极差分别为：

$$x_中 = (112 + 113)/2 = 112.5; R = 130 - 104 = 26.$$

则总体均值 $E(X)$ 的估计值为：$\widehat{E(X)} = x_中 = 112.5.$

总体标准差 $\sqrt{D(X)}$ 的估计值为：$\sqrt{\widehat{D(X)}} = \dfrac{R}{d_n} = \dfrac{26}{3.078} = 8.45.$

7.1.3　最(极)大似然估计法

最大似然估计法由英国统计学家费希儿(R. A. Fisher)在 1912 年提出. 最大似然估计的思想：一个随机试验有若干个可能结果 $A, B, C, \cdots$,若在一次试验中结果 A 出现了,则一般认为 A 出现的概率最大. 最大似然估计法的关键在于理解抽样结果的似然性(可能性)的刻画.

1. 离散型

如果总体 X 服从离散型分布,分布律为 $P(X = x) = P(x; \theta)$,θ 为未知参数(一个或几个). 设 $(X_1, X_2, \cdots, X_n)$ 为来自总体 X 的一个样本,样本观察值为 $(x_1, x_2, \cdots, x_n)$,如何从样本值计算出参数 θ 的最大似然估计值?

最大似然估计法的具体步骤如下：

第一步：写出样本的似然函数(即样本的联合分布律),

$$L(\theta) = \prod_{i=1}^{n} P(x_i; \theta);$$

第二步：找到使似然函数 $L(\theta)$ 取最大值的 θ 值,这个值就是参数 θ 的极大似然估计值,记为 $\hat{\theta}$.

由于 $\ln x$ 是 x 的严格单调增函数,找 $L(\theta)$ 的最大值点也就是找 $\ln L(\theta)$ 的最大值点,由高等数学知识知,最大值点一般在驻点取得. 因此,第二步分为下列三个小步完成.

(1) 样本的似然函数 $L(\theta)$ 取自然对数得到对数似然函数 $\ln L(\theta)$.

(2) 建立似然方程(组):

① 若 θ 为一个参数,则似然方程为 $\dfrac{\mathrm{d}\ln L(\theta)}{\mathrm{d}\theta}=0$;

② 若 θ 为多个参数,$\theta=(\theta_1,\theta_2,\cdots,\theta_m)$,则似然方程组为
$$\begin{cases}\dfrac{\partial \ln L(\theta)}{\partial \theta_1}=0\\ \vdots\\ \dfrac{\partial \ln L(\theta)}{\partial \theta_m}=0\end{cases}.$$

(3) 解出似然方程(组)的根 $\hat\theta(\hat\theta=(\hat\theta_1,\hat\theta_2,\cdots,\hat\theta_m))$,就是参数 θ 的最大似然估计值.

例 7.1.5 设总体 $X\sim B(1,p)$,即参数为 p 的 0-1 分布,$(X_1,X_2,\cdots,X_n)$ 是来自总体 X 的一个样本,样本值为 $(x_1,x_2,\cdots,x_n)$,求参数 p 的最大似然估计值.

解 总体 X 的分布律为
$$P(x;p)=P(X=x)=p^x(1-p)^{1-x},\ x=0,1.$$

样本的似然函数为
$$L(p)=\prod_{i=1}^{n}P(x_i;p)=\prod_{i=1}^{n}p^{x_i}(1-p)^{1-x_i}=p^{\sum_{i=1}^{n}x_i}(1-p)^{n-\sum_{i=1}^{n}x_i}.$$

对数似然函数为
$$\ln L(p)=\ln\left[p^{\sum_{i=1}^{n}x_i}(1-p)^{n-\sum_{i=1}^{n}x_i}\right]=\left(\sum_{i=1}^{n}x_i\right)\ln p+\left(n-\sum_{i=1}^{n}x_i\right)\ln(1-p),$$

建立似然方程为
$$\frac{\mathrm{d}\ln L(p)}{\mathrm{d}p}=\frac{\sum_{i=1}^{n}x_i}{p}-\frac{n-\sum_{i=1}^{n}x_i}{1-p}=0,$$

解得 $\hat p=\dfrac{1}{n}\sum_{i=1}^{n}x_i=\bar x$ 为参数 p 的最大似然估计值.

2. 连续型

设已知总体 X 服从连续型分布,概率密度函数为 $f(x;\theta)$,参数 θ 可以是一个参数也可以是多个参数(例如指数分布 $\theta=\lambda$,正态分布 $\theta=(\mu,\sigma^2)$). $(X_1,X_2,\cdots,X_n)$ 是来自总体 X 的一个样本,样本观察值为 $(x_1,x_2,\cdots,x_n)$,如何从样本值计算出参数的最大似然估计值?

最大似然估计法的具体步骤如下:

第一步:写出样本的似然函数(即样本的联合概率密度函数),
$$L(\theta)=\prod_{i=1}^{n}f(x_i;\theta);$$

第二步:找到使似然函数 $L(\theta)$ 取最大值的 θ 值,这个值就是 θ 的极大似然

估计值,记为 $\hat{\theta}$.

类似离散型,第二步由下列三个小步完成:

(1) 样本的似然函数 $L(\theta)$ 取自然对数得到对数似然函数 $\ln L(\theta)$.

(2) 建立似然方程(组):

① 若 θ 为一个参数,则似然方程为 $\dfrac{\mathrm{d}\ln L(\theta)}{\mathrm{d}\theta} = 0$;

② 若 θ 为多个参数,$\theta = (\theta_1, \theta_2, \cdots, \theta_m)$,则似然方程组为 $\begin{cases} \dfrac{\partial \ln L(\theta)}{\partial \theta_1} = 0 \\ \vdots \\ \dfrac{\partial \ln L(\theta)}{\partial \theta_m} = 0 \end{cases}$.

(3) 解出似然方程(组)的根 $\hat{\theta}$($\hat{\theta} = (\hat{\theta}_1, \hat{\theta}_2, \cdots, \hat{\theta}_m)$),就是参数 θ 的最大似然估计值.

例 7.1.6 总体 $X \sim f(x;\lambda) = \begin{cases} \lambda \mathrm{e}^{-\lambda x}, & x > 0 \\ 0, & x \leqslant 0 \end{cases}$,$\lambda > 0$,$(X_1, X_2, \cdots, X_n)$ 是来自总体 X 的一个样本,样本值为 $(x_1, x_2, \cdots, x_n)$,求参数 λ 的最大似然估计值.

解 样本的似然函数为

$$L(\lambda) = \prod_{i=1}^{n} f(x_i;\lambda) = \prod_{i=1}^{n} \lambda \mathrm{e}^{-\lambda x_i} = \lambda^n \mathrm{e}^{-\lambda \sum_{i=1}^{n} x_i}, x_i > 0, i = 1, 2, \cdots, n,$$

对数似然函数为

$$\ln L(\lambda) = n \ln \lambda - \lambda \sum_{i=1}^{n} x_i,$$

建立似然方程为

$$\frac{\mathrm{d}\ln L(\lambda)}{\mathrm{d}\lambda} = \frac{n}{\lambda} - \sum_{i=1}^{n} x_i = 0,$$

解得 $\hat{\lambda} = \dfrac{n}{\sum\limits_{i=1}^{n} x_i} = \dfrac{1}{\bar{x}}$ 为参数 λ 的最大似然估计值.

例 7.1.7 总体 $X \sim N(\mu, \sigma^2)$,$(X_1, X_2, \cdots, X_n)$ 是来自总体 X 的一个样本,样本值为 $(x_1, x_2, \cdots, x_n)$,求参数 μ 和 σ^2 的最大似然估计值.

解 总体 X 的密度函数为 $f(x;\mu,\sigma^2) = \dfrac{1}{\sqrt{2\pi}\sigma} \mathrm{e}^{-\frac{(x-\mu)^2}{2\sigma^2}}$,

样本的似然函数为

$$L(\mu,\sigma^2) = \prod_{i=1}^{n} f(x_i;\mu,\sigma^2) = \prod_{i=1}^{n} \frac{1}{\sqrt{2\pi}\sigma} \mathrm{e}^{-\frac{(x_i-\mu)^2}{2\sigma^2}}$$

$$= \left(\frac{1}{\sqrt{2\pi}}\right)^n \left(\frac{1}{\sigma^2}\right)^{\frac{n}{2}} \mathrm{e}^{-\frac{1}{2\sigma^2}\sum_{i=1}^{n}(x_i-\mu)^2},$$

对数似然函数为

$$\ln L(\mu,\sigma^2) = n\ln\left(\frac{1}{\sqrt{2\pi}}\right) - \frac{n}{2}\ln\sigma^2 - \frac{1}{2\sigma^2}\sum_{i=1}^{n}(x_i-\mu)^2,$$

建立似然方程组为

$$\begin{cases} \dfrac{\partial\ln L(\mu,\sigma^2)}{\partial\mu} = \dfrac{1}{\sigma^2}\sum_{i=1}^{n}(x_i-\mu) = 0 \\[3mm] \dfrac{\partial\ln L(\mu,\sigma^2)}{\partial\sigma^2} = -\dfrac{n}{2\sigma^2} + \dfrac{1}{2\sigma^4}\sum_{i=1}^{n}(x_i-\mu)^2 = 0 \end{cases},$$

解得 $\hat{\mu} = \dfrac{1}{n}\sum_{i=1}^{n}x_i = \overline{x}, \hat{\sigma}^2 = \dfrac{1}{n}\sum_{i=1}^{n}(x_i-\hat{\mu})^2 = \dfrac{1}{n}\sum_{i=1}^{n}(x_i-\overline{x})^2$ 为参数 μ 和 σ^2 的最大似然估计值.

§7.2 估计量的评价标准

由上节可见,对于同一个未知参数,用不同的估计方法求出的估计量可能不同. 原则上任何统计量均可作为未知参数的估计量. 自然提出一个问题,当未知参数存在不同的估计量时,哪一个更好呢? 这就涉及评价估计量好坏的标准. 本节简单介绍三种评价估计量优劣的标准.

7.2.1 无偏估计

估计量是样本的函数,仍是随机变量,对于不同的样本值它有不同的估计值,人们希望多次测得的估计值的平均数与参数的真值相差无几,即希望估计量的数学期望等于参数的真值,这就是无偏性,它是对估计量的基本要求.

定义 7.2.1 设 $\hat{\theta} = \hat{\theta}(X_1, X_2, \cdots, X_n)$ 是参数 θ 的估计量,若 $E(\hat{\theta}) = \theta$ 成立,则称估计量 $\hat{\theta}$ 为参数 θ 的**无偏估计量**.

例 7.2.1 设总体 $X \sim N(\mu,\sigma^2)$, $(X_1, X_2, \cdots, X_n)$ 是来自总体 X 的一个样本,样本值为 $(x_1, x_2, \cdots, x_n)$,验证样本均值 $\overline{X}$ 和样本方差 S^2 分别是总体均值 μ 和总体方差 σ^2 的无偏估计.

解 总体 $X \sim N(\mu,\sigma^2)$,由样本独立同分布的性质得

$$\begin{cases} E(X_i) = \mu \\ D(X_i) = \sigma^2 \end{cases}, i = 1,2,\cdots,n,$$

所以 $\quad E(X_i^2) = D(X_i) + [E(X_i)]^2 = \sigma^2 + \mu^2, i = 1,2,\cdots,n.$

又因为 $\quad E(\overline{X}) = E\left(\dfrac{1}{n}\sum_{i=1}^{n}X_i\right) = \dfrac{1}{n}\sum_{i=1}^{n}E(X_i) = \mu,$

$$D(\overline{X}) = D\left(\frac{1}{n}\sum_{i=1}^{n}X_i\right) = \frac{1}{n^2}\sum_{i=1}^{n}D(X_i) = \frac{\sigma^2}{n},$$

所以
$$E(\overline{X}^2) = D(\overline{X}) + [E(\overline{X})]^2 = \frac{\sigma^2}{n} + \mu^2,$$

所以
$$\begin{aligned}
E(S^2) &= E\left(\frac{1}{n-1}\sum_{i=1}^{n}(X_i - \overline{X})^2\right)\\
&= \frac{n}{n-1}E\left(\frac{1}{n}\sum_{i=1}^{n}X_i^2 - \overline{X}^2\right)\\
&= \frac{n}{n-1}\left[\frac{1}{n}\sum_{i=1}^{n}E(X_i^2) - E(\overline{X}^2)\right]\\
&= \frac{n}{n-1}\left[(\sigma^2 + \mu^2) - \left(\frac{\sigma^2}{n} + \mu^2\right)\right]\\
&= \sigma^2.
\end{aligned}$$

所以,样本均值 $\overline{X}$ 和样本方差 S^2 分别是总体均值 μ 和总体方差 σ^2 的无偏估计.

7.2.2　有效估计

在许多情况下,总体未知参数的无偏估计量不是唯一的,如何衡量一个参数的两个无偏估计量哪一个更好呢?一个重要标准就是观察它们哪个的取值更集中在待估参数的真值附近,即哪个估计量的方差更小,这就是有效性的概念.

定义 7.2.2　设 $\hat{\theta}_1$ 和 $\hat{\theta}_2$ 均为参数 θ 的无偏估计量,若 $D(\hat{\theta}_1) < D(\hat{\theta}_2)$,则称 $\hat{\theta}_1$ 是比 $\hat{\theta}_2$ 有效的估计量.

由方差的概率含义知,在样本容量相同的条件下,若 $\hat{\theta}_1$ 比 $\hat{\theta}_2$ 有效,则 $\hat{\theta}_1$ 的观察值比 $\hat{\theta}_2$ 的观察值更集中在真值 θ 的附近.

例 7.2.2　设总体 X 的方差存在且大于零,$E(X) = a$,设 (X_1, X_2) 是总体 X 的一个样本,验证 $\hat{a}_1 = \overline{X} = \frac{1}{2}X_1 + \frac{1}{2}X_2$ 和 $\hat{a}_2 = X_1$ 都是 a 的无偏估计量,但 $\hat{a}_1$ 比 $\hat{a}_2$ 更有效.

解　因为 $E(\hat{a}_1) = E(\overline{X}) = a, E(\hat{a}_2) = E(X_1) = a$,所以 $\hat{a}_1 = \overline{X}$ 和 $\hat{a}_2 = X_1$ 都是 a 的无偏估计量.

又因为 $D(\hat{a}_1) = D(\overline{X}) = \frac{1}{2}D(X), D(\hat{a}_2) = D(X_1) = D(X), D(\hat{a}_1) < D(\hat{a}_2)$,所以 $\hat{a}_1$ 比 $\hat{a}_2$ 更有效.

7.2.3　一致估计

从总体中抽出样本对总体的未知参数进行估计时,抽取的个体越多,我们掌握的信息量就越大,理论上应该对参数的估计会越精确,即参数 θ 有估计量 $\hat{\theta} = \hat{\theta}(X_1, X_2, \cdots, X_n)$,样本容量 n 越大,估计值与 θ 真值的偏差就越小. 这是一致估计要讨论的问题.

定义 7.2.3 设 $\hat{\theta} = \hat{\theta}(X_1, X_2, \cdots, X_n)$ 是参数 θ 的估计量,若对于任意 $\varepsilon > 0$,有 $\lim\limits_{n \to \infty} P(|\hat{\theta} - \theta| < \varepsilon) = 1$,则称 $\hat{\theta}$ 是参数 θ 的一致估计.

例 7.2.3 验证样本均值 $\overline{X} = \dfrac{1}{n}\sum\limits_{i=1}^{n} X_i$ 是总体期望 $E(X)$ 的一致估计.

解 由大数定律,对于任意 $\varepsilon > 0$,有 $\lim\limits_{n \to \infty} P(|\overline{X} - E(\overline{X})| < \varepsilon) = 1$,即

$$\lim_{n \to \infty} P\left(\left| \frac{1}{n}\sum_{i=1}^{n} X_i - E(X) \right| < \varepsilon \right) = 1,$$

所以样本均值 $\overline{X} = \dfrac{1}{n}\sum\limits_{i=1}^{n} X_i$ 是总体期望 $E(X)$ 的一致估计.

§7.3 区间估计

前面我们讨论了参数的点估计,是求出未知参数的估计量后代入样本值得到未知参数的近似值(估计值),不知道估计结果的可信度大小. 但很多时候我们不仅希望能给出未知参数的一个估计范围,还希望知道该范围覆盖参数真值的可信程度,这种形式的估计称为区间估计.

定义 7.3.1 设 θ 是总体的未知参数,$(X_1, X_2, \cdots, X_n)$ 是总体 X 的一个样本,对于给定的数 α(一般取 5% 或 1%),若存在两个统计量 $\hat{\theta}_1 = \hat{\theta}_1(X_1, X_2, \cdots, X_n)$ 与 $\hat{\theta}_2 = \hat{\theta}_2(X_1, X_2, \cdots, X_n)$,使得 $P(\hat{\theta}_1 < \theta < \hat{\theta}_2) = 1 - \alpha$,则称区间 $(\hat{\theta}_1, \hat{\theta}_2)$ 为参数 θ 的 $1 - \alpha$ **置信区间**. $\hat{\theta}_2$ 及 $\hat{\theta}_1$ 分别称为置信区间的上、下限,$1 - \alpha$ 称为**置信度**(或**置信概率、置信系数**).

置信度 $1 - \alpha$ 的直观意义是:若反复抽样多次,每一组样本值 $(x_1, x_2, \cdots, x_n)$ 都确定一个区间 $(\hat{\theta}_1, \hat{\theta}_2)$,在众多区间中,包含参数 θ 真值的约占 $1 - \alpha$,不包含参数 θ 真值的仅占 α.

7.3.1 单个正态总体 $N(\mu, \sigma^2)$ 的参数的区间估计

1. 总体方差 σ^2 已知,对均值 μ 进行区间估计

设 $(X_1, X_2, \cdots, X_n)$ 是来自正态总体 $X \sim N(\mu, \sigma^2)$ 的一个样本,样本值为 $(x_1, x_2, \cdots, x_n)$,其中总体方差 σ^2 已知,总体均值 μ 未知.

由抽样分布知 $\dfrac{\overline{X}-\mu}{\dfrac{\sigma}{\sqrt{n}}}\sim N(0,1)$，所以

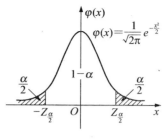

$$P\left(-Z_{\frac{\alpha}{2}}<\frac{\overline{X}-\mu}{\dfrac{\sigma}{\sqrt{n}}}<Z_{\frac{\alpha}{2}}\right)=1-\alpha,\text{如图 } 7-1,$$

即 $P\left(\overline{X}-\dfrac{\sigma}{\sqrt{n}}Z_{\frac{\alpha}{2}}<\mu<\overline{X}+\dfrac{\sigma}{\sqrt{n}}Z_{\frac{\alpha}{2}}\right)=1-\alpha,$

所以 μ 的置信度为 $1-\alpha$ 的置信区间为

图 7-1

$$\left(\overline{X}-\frac{\sigma}{\sqrt{n}}Z_{\frac{\alpha}{2}},\overline{X}+\frac{\sigma}{\sqrt{n}}Z_{\frac{\alpha}{2}}\right).$$

其中，样本值给定时，$\overline{X}$ 可求出；α 给定时，可通过 $2\Phi(Z_{\frac{\alpha}{2}})-1=1-\alpha$ 查表找到 $Z_{\frac{\alpha}{2}}$. 例如，$\alpha=0.05$ 时，$Z_{\frac{\alpha}{2}}=1.96$；$\alpha=0.01$ 时，$Z_{\frac{\alpha}{2}}=2.58$.

例 7.3.1 已知某零件直径服从正态分布，且方差为 0.06，现从某日生产的一批零件中随机抽取 6 只，测得直径的数据（单位：mm）为

$$14.6,15.1,14.9,14.8,15.2,15.1,$$

试求该批零件平均直径的 95% 置信区间.

解 设零件直径 $X\sim N(\mu,\sigma^2)$，由题 $\sigma^2=0.06,\overline{x}=14.95,n=6,1-\alpha=0.95,\alpha=0.05$ 时，$Z_{\frac{\alpha}{2}}=1.96$.

代入方差已知的正态总体均值的区间估计公式 $\left(\overline{X}-\dfrac{\sigma}{\sqrt{n}}Z_{\frac{\alpha}{2}},\overline{X}+\dfrac{\sigma}{\sqrt{n}}Z_{\frac{\alpha}{2}}\right)$，

得零件平均直径的 95% 置信区间为 $(14.75,15.15)$.

2. 总体方差 σ^2 未知，对均值 μ 进行区间估计

设 $(X_1,X_2,\cdots,X_n)$ 是来自正态总体 $X\sim N(\mu,\sigma^2)$ 的一个样本，样本值为 $(x_1,x_2,\cdots,x_n)$，总体均值 μ 及方差 σ^2 均未知.

因总体方差 σ^2 未知，但样本方差 S^2 是总体方差 σ^2 的无偏估计，自然想法是用 S 代替 σ. 由抽样分布知统计量 $\dfrac{\overline{X}-\mu}{\dfrac{S}{\sqrt{n}}}\sim t(n-1)$.

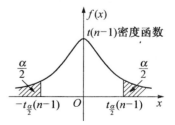

对于给定的 α，查 t 分布表可得临界值 $t_{\frac{\alpha}{2}}(n-1)$，见图 7-2，使得

图 7-2

$$P\left(\left|\frac{\overline{X}-\mu}{\dfrac{S}{\sqrt{n}}}\right|\leqslant t_{\frac{\alpha}{2}}(n-1)\right)=1-\alpha,$$

即 $\quad P\left(\overline{X}-\dfrac{S}{\sqrt{n}}t_{\frac{\alpha}{2}}(n-1)<\mu<\overline{X}+\dfrac{S}{\sqrt{n}}t_{\frac{\alpha}{2}}(n-1)\right)=1-\alpha,$

所以 μ 的置信度为 $1-\alpha$ 的置信区间为

$$\left(\overline{X}-\frac{S}{\sqrt{n}}t_{\frac{\alpha}{2}}(n-1),\overline{X}+\frac{S}{\sqrt{n}}t_{\frac{\alpha}{2}}(n-1)\right).$$

例 7.3.2 有一批零件,随机抽取 9 个,测得长度(单位:mm)为

$$21.1,21.3,21.4,21.5,21.3,21.7,21.4,21.3,21.6,$$

该零件长度近似服从正态分布,试求该批零件均值 μ 的置信度为 0.95 的置信区间.

解 设零件长度为 $X\sim N(\mu,\sigma^2)$,由题 σ^2 未知,$\overline{x}=21.4,s=0.17,1-\alpha=0.95$,$\alpha=0.05,\frac{\alpha}{2}=0.025$,自由度 $n-1=9-1=8$,查 t 分布表得 $t_{0.025}(8)=2.3060$,代入方差未知的正态总体均值的区间估计公式

$$\left(\overline{X}-\frac{S}{\sqrt{n}}t_{\frac{\alpha}{2}}(n-1),\overline{X}+\frac{S}{\sqrt{n}}t_{\frac{\alpha}{2}}(n-1)\right),$$

即

$$\left(21.4-\frac{0.17}{\sqrt{9}}\times2.3060,21.4+\frac{0.17}{\sqrt{9}}\times2.3060\right),$$

所以 μ 的置信度为 0.95 的置信区间为 $(21.219,21.531)$.

3. 总体均值 μ 未知,对方差 σ^2 进行区间估计

这里我们只讨论 μ 未知的情形,μ 已知的情形比较简单,由读者自己讨论.

$(X_1,X_2,\cdots,X_n)$ 是来自正态总体 $X\sim N(\mu,\sigma^2)$ 的一个样本,样本值为 $(x_1,x_2,\cdots,x_n)$,总体均值 μ 未知. 考虑到样本方差 S^2 是总体方差 σ^2 的无偏估计,由第 6 章定理 6.2.2,选取统计量 $\frac{(n-1)S^2}{\sigma^2}\sim\chi^2(n-1)$,且 $\chi^2(n-1)$ 的分布不含任何未知参数. 于是,对给定的 α,查 χ^2 分布表(见附表 3)可得临界值 $\chi^2_{\frac{\alpha}{2}}(n-1)$ 及 $\chi^2_{1-\frac{\alpha}{2}}(n-1)$,如图 7-3,使得

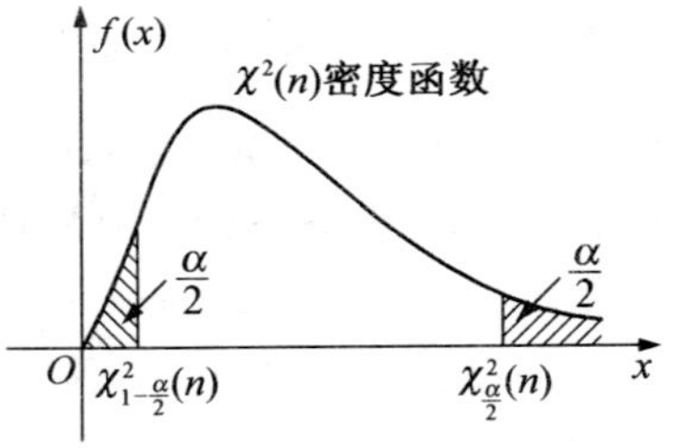

图 7-3

$$P\left(\chi^2_{1-\frac{\alpha}{2}}(n-1)<\frac{(n-1)S^2}{\sigma^2}<\chi^2_{\frac{\alpha}{2}}(n-1)\right)=1-\alpha,$$

即

$$P\left(\frac{(n-1)S^2}{\chi^2_{\frac{\alpha}{2}}(n-1)}<\sigma^2<\frac{(n-1)S^2}{\chi^2_{1-\frac{\alpha}{2}}(n-1)}\right)=1-\alpha.$$

从而得 σ^2 的置信度为 $1-\alpha$ 的置信区间为

$$\left(\frac{(n-1)S^2}{\chi^2_{\frac{\alpha}{2}}(n-1)},\frac{(n-1)S^2}{\chi^2_{1-\frac{\alpha}{2}}(n-1)}\right),$$

进而可得标准差 σ 的置信度为 $1-\alpha$ 的置信区间为

$$\left(\frac{\sqrt{(n-1)}S}{\sqrt{\chi^2_{\frac{\alpha}{2}}(n-1)}}, \frac{\sqrt{(n-1)}S}{\sqrt{\chi^2_{1-\frac{\alpha}{2}}(n-1)}}\right).$$

例 7.3.3 有一批滚珠直径 $X \sim N(\mu,\sigma^2)$,现随机抽取 9 个,测得长度(单位:mm)为

$$21.1, 21.3, 21.4, 21.5, 21.3, 21.7, 21.4, 21.3, 21.6,$$

试求该批滚珠直径的标准差 σ 的置信度为 0.95 的置信区间.

解 此时 $1-\alpha=0.95, \alpha=0.05, \frac{\alpha}{2}=0.025, 1-\frac{\alpha}{2}=0.975$,自由度 $n-1=9-1=8$,查 χ^2 分布表得 $\chi^2_{0.025}(8)=17.535$,及 $\chi^2_{0.975}(8)=2.180$,又 $s=0.17$,代入标准差 σ 的置信度为 $1-\alpha$ 的置信区间公式

$$\left(\frac{\sqrt{(n-1)}S}{\sqrt{\chi^2_{\frac{\alpha}{2}}(n-1)}}, \frac{\sqrt{(n-1)}S}{\sqrt{\chi^2_{1-\frac{\alpha}{2}}(n-1)}}\right),$$

得滚珠直径的标准差 σ 的置信度为 0.95 的置信区间为 $(0.1148, 0.3257)$.

7.3.2 两个正态总体 $N(\mu_1, \sigma_1^2)$ 和 $N(\mu_2, \sigma_2^2)$ 的参数的区间估计

设 $(X_1, X_2, \cdots, X_{n_1})$ 是来自正态总体 $X \sim N(\mu_1, \sigma_1^2)$ 的一个样本,样本值为 $(x_1, x_2, \cdots, x_{n_1})$,$\overline{X}$ 和 S_1^2 分别为样本均值和样本方差;$(Y_1, Y_2, \cdots, Y_{n_2})$ 是来自正态总体 $Y \sim N(\mu_2, \sigma_2^2)$ 的一个样本,样本值为 $(y_1, y_2, \cdots, y_{n_2})$,$\overline{Y}$ 和 S_2^2 分别为样本均值和样本方差,且两样本相互独立.

1. 总体方差 σ_1^2, σ_2^2 都已知,对两总体均值差 $\mu_1-\mu_2$ 进行区间估计

因为 $\overline{X}, \overline{Y}$ 分别是 μ_1, μ_2 的无偏估计,所以 $\overline{X}-\overline{Y}$ 是 $\mu_1-\mu_2$ 的无偏估计. 由 $\overline{X}, \overline{Y}$ 的独立性及 $\overline{X} \sim N\left(\mu_1, \frac{\sigma_1^2}{n_1}\right), \overline{Y} \sim N\left(\mu_2, \frac{\sigma_2^2}{n_2}\right)$ 得

$$\overline{X}-\overline{Y} \sim N\left(\mu_1-\mu_2, \frac{\sigma_1^2}{n_1}+\frac{\sigma_2^2}{n_2}\right),$$

或

$$\frac{(\overline{X}-\overline{Y})-(\mu_1-\mu_2)}{\sqrt{\frac{\sigma_1^2}{n_1}+\frac{\sigma_2^2}{n_2}}} \sim N(0,1).$$

对于给定的置信度 $1-\alpha$,查标准正态分布表(附表 1)确定 $Z_{\frac{\alpha}{2}}$ 后,不难得到 $\mu_1-\mu_2$ 的置信度为 $1-\alpha$ 的置信区间(读者自己推导)为

$$\left((\overline{X}-\overline{Y})-\sqrt{\frac{\sigma_1^2}{n_1}+\frac{\sigma_2^2}{n_2}}Z_{\frac{\alpha}{2}}, (\overline{X}-\overline{Y})+\sqrt{\frac{\sigma_1^2}{n_1}+\frac{\sigma_2^2}{n_2}}Z_{\frac{\alpha}{2}}\right).$$

$\alpha=0.05$ 时,$Z_{\frac{\alpha}{2}}=1.96$;$\alpha=0.01$ 时,$Z_{\frac{\alpha}{2}}=2.58$.

例 7.3.4 甲、乙两厂生产的同一种电子元件的电阻值分别为:$X \sim N(\mu_1, \sigma_1^2), Y \sim N(\mu_2, \sigma_2^2)$.从甲厂产品中随机地抽取 4 个,从乙厂产品中随机地

抽取 5 个,测得它们的电阻值(单位:欧姆)分别是:

$$0.143,0.142,0.143,0.137;$$
$$0.140,0.142,0.136,0.138,0.140.$$

根据长期生产情况知 $\sigma_1^2 = 7 \times 10^{-6}, \sigma_2^2 = 6 \times 10^{-6}$,试在 0.99 置信度下求 $\mu_1 - \mu_2$ 的置信区间.

解 由样本计算得 $\overline{x} = 0.14125, \overline{y} = 0.13920, 1 - \alpha = 0.99, \alpha = 0.01$ 时, $Z_{\frac{\alpha}{2}} = 2.58$,与 $n_1 = 4, n_2 = 5, \sigma_1^2 = 7 \times 10^{-6}, \sigma_2^2 = 6 \times 10^{-6}$ 一并代入公式

$$\left((\overline{X} - \overline{Y}) - \sqrt{\frac{\sigma_1^2}{n_1} + \frac{\sigma_2^2}{n_2}} Z_{\frac{\alpha}{2}}, (\overline{X} - \overline{Y}) + \sqrt{\frac{\sigma_1^2}{n_1} + \frac{\sigma_2^2}{n_2}} Z_{\frac{\alpha}{2}} \right),$$

得 $\mu_1 - \mu_2$ 的置信度为 0.99 的置信区间为 $(-0.0024, 0.0065)$.

由于所得置信区间包含零,故在实际中我们可以认为两厂生产电阻的均值无显著区别.

2. 总体方差 $\sigma_1^2 = \sigma_2^2$,但未知,对两总体均值差 $\mu_1 - \mu_2$ 进行区间估计

由定理 6.2.4 知,$\dfrac{(\overline{X} - \overline{Y}) - (\mu_1 - \mu_2)}{S_w \sqrt{\dfrac{1}{n_1} + \dfrac{1}{n_2}}} \sim t(n_1 + n_2 - 2),$

其中 $$S_w = \sqrt{\frac{(n_1 - 1)S_1^2 + (n_2 - 1)S_2^2}{n_1 + n_2 - 2}}.$$

对于给定的置信度 $1 - \alpha$,查 t 分布表可得临界值 $t_{\frac{\alpha}{2}}(n_1 + n_2 - 2)$,使得

$$P\left(\left| \frac{(\overline{X} - \overline{Y}) - (\mu_1 - \mu_2)}{S_w \sqrt{\dfrac{1}{n_1} + \dfrac{1}{n_2}}} \right| \leqslant t_{\frac{\alpha}{2}}(n_1 + n_2 - 2) \right) = 1 - \alpha,$$

推导得 $\mu_1 - \mu_2$ 的置信度为 $1 - \alpha$ 的置信区间为

$$\left((\overline{X} - \overline{Y}) - t_{\frac{\alpha}{2}}(n_1 + n_2 - 2)S_w \sqrt{\frac{1}{n_1} + \frac{1}{n_2}}, (\overline{X} - \overline{Y}) + t_{\frac{\alpha}{2}}(n_1 + n_2 - 2)S_w \sqrt{\frac{1}{n_1} + \frac{1}{n_2}} \right).$$

例 7.3.5 为提高某一化学生产过程的得率,试图用一种新的催化剂. 为慎重起见,先在实验室进行试验. 设采用原来的催化剂进行了 $n_1 = 8$ 次试验,得到得率的平均值 $\overline{x} = 91.73$,样本方差 $s_1^2 = 3.89$;又采用新的催化剂进行了 $n_2 = 8$ 次试验,得到得率的平均值 $\overline{y} = 93.75$,样本方差 $s_2^2 = 4.02$.假设两总体都可认为服从正态分布,且方差相等,试求两总体均值差 $\mu_1 - \mu_2$ 的置信度为 0.95 的置信区间.

解 由题设计算

$$S_w = \sqrt{\frac{(n_1 - 1)S_1^2 + (n_2 - 1)S_2^2}{n_1 + n_2 - 2}} = \sqrt{\frac{7 \times 3.89 + 7 \times 4.02}{8 + 8 - 2}} = \sqrt{3.96}.$$

又由 $1 - \alpha = 0.95, \alpha = 0.05, \dfrac{\alpha}{2} = 0.025$,自由度 $n_1 + n_2 - 2 = 14$,查 t 分

布表得 $t_{0.025}(14) = 2.1448$,代入区间估计公式

$$\left((\overline{X} - \overline{Y}) - t_{\frac{\alpha}{2}}(n_1 + n_2 - 2)S_w\sqrt{\frac{1}{n_1} + \frac{1}{n_2}}, (\overline{X} - \overline{Y}) + t_{\frac{\alpha}{2}}(n_1 + n_2 - 2)S_w\sqrt{\frac{1}{n_1} + \frac{1}{n_2}} \right)$$

得所求置信区间为 $(-4.05, 0.11)$.

由于所得置信区间包含零,故在实际中我们可以认为采用这两种催化剂所得的得率的均值无显著区别.

3. 总体方差 σ_1^2, σ_2^2 都未知,且 $\sigma_1^2 \neq \sigma_2^2$,对两总体均值差 $\mu_1 - \mu_2$ 进行区间估计

可以证明,当 n_1, n_2 充分大时,$\dfrac{(\overline{X} - \overline{Y}) - (\mu_1 - \mu_2)}{\sqrt{\dfrac{S_1^2}{n_1} + \dfrac{S_2^2}{n_2}}} \overset{\text{近似}}{\sim} N(0,1)$.

于是对于给定的置信度 $1 - \alpha$,查标准正态分布表(附表 1)确定 $Z_{\frac{\alpha}{2}}$ 后,不难得到 $\mu_1 - \mu_2$ 的一个置信度为 $1 - \alpha$ 的置信区间(读者自己推导)为

$$\left((\overline{X} - \overline{Y}) - \sqrt{\frac{S_1^2}{n_1} + \frac{S_2^2}{n_2}} Z_{\frac{\alpha}{2}}, (\overline{X} - \overline{Y}) + \sqrt{\frac{S_1^2}{n_1} + \frac{S_2^2}{n_2}} Z_{\frac{\alpha}{2}} \right).$$

例 7.3.6　为了比较两种枪弹的枪口速度(单位:m/s),在相同条件下进行速度测试,算得样本平均值和样本标准差如下.

枪弹甲:　$n_1 = 110, \overline{x} = 2805, s_1 = 120.41$;

枪弹乙:　$n_2 = 100, \overline{y} = 2680, s_2 = 105.00$.

试求两种枪弹的枪口平均速度之差 $\mu_1 - \mu_2$ 的置信度为 0.95 的置信区间.

解　此时因 n_1, n_2 都较大,$1 - \alpha = 0.95, \alpha = 0.05, Z_{0.025} = 1.96$,从而

$$(\overline{x} - \overline{y}) \pm \sqrt{\frac{s_1^2}{n_1} + \frac{s_2^2}{n_2}} Z_{\frac{\alpha}{2}} = (2805 - 2680) \pm 1.96 \times \sqrt{\frac{(120.41)^2}{110} + \frac{(105)^2}{100}}$$

$$= 125 \pm 15.56,$$

所以两种枪弹的枪口平均速度之差 $\mu_1 - \mu_2$ 的置信度为 0.95 的置信区间为 $(109.44, 140.56)$.

第7章习题

1. 设总体 $X \sim P(\lambda)$，其中 λ 是未知参数，$(X_1, X_2, \cdots, X_n)$ 是来自总体的一个样本，样本值为 $(x_1, x_2, \cdots, x_n)$．(1) 求参数 λ 的矩估计量和极大似然估计量；(2) 验证(1)的估计结果是否为参数 λ 的无偏估计．

2. 设 $(X_1, X_2, \cdots, X_n)$ 是取自总体 X 的一个样本，若总体 X 的密度函数为

$$f(x) = \begin{cases} (\theta+1)x^\theta, & 0 < x < 1 \\ 0, & 其他 \end{cases},$$

其中 $\theta > -1$ 为未知参数，求 θ 的矩估计和极大似然估计．

3. (2011年考研数学) 设 $(X_1, X_2, \cdots, X_n)$ 是来自总体 $X \sim N(\mu_0, \sigma^2)$ 的一个简单随机样本，其中参数 μ_0 已知，$\sigma^2 > 0$，样本值为 $(x_1, x_2, \cdots, x_n)$，求参数 σ^2 的最大似然估计 $\hat{\sigma}^2$．

4. 总体 $X, E(X) = a, D(X) = b^2 > 0$，$(X_1, X_2, X_3)$ 为样本，参数 a 有三个估计量：(1) $\hat{a}_1 = \frac{1}{3}(X_1 + X_2 + X_3)$；(2) $\hat{a}_2 = \frac{1}{5}X_1 + \frac{3}{5}X_2 + \frac{1}{5}X_3$；(3) $\hat{a}_3 = \frac{1}{2}X_1 + \frac{1}{3}X_2 + \frac{1}{4}X_3$．说明：哪几个是 a 的无偏估计量；在无偏估计量中哪一个最有效．

5. 已知幼儿的身高(单位：cm)在正常情况下服从正态分布．现从某一幼儿园 $5 \sim 6$ 岁的幼儿中随机地抽查了9人，其高度分别为 115,120,131,115,109,115,115,105,110．假设 $5 \sim 6$ 岁幼儿身高总体的方差为49，在置信度为 95% 的条件下，试求 $5 \sim 6$ 岁幼儿平均身高的置信区间．

6. (2003年考研数学) 已知一批零件的长度 X(单位：cm)服从正态分布 $N(\mu, 1)$，从中随机地抽取16个零件，得到长度的平均值为 40(cm)，则 μ 的置信度为 0.95 的置信区间是 _____．

7. 某车间生产的滚珠直径(单位：mm)$X \sim N(\mu, \sigma^2)$，从某天的产品中随机取出 5 个量的直径为：14.70,15.21,14.90,15.32,15.32．求：(1) 当 $\sigma^2 = 0.05$ 时，关于 μ 的置信度为 0.99 的置信区间；(2) 当 σ^2 未知时，关于 μ 的置信度为 0.99 的置信区间．

8. (2005年考研数学) 设一批零件的长度(单位：cm)服从正态分布 $N(\mu, \sigma^2)$，其中 μ, σ^2 均未知．现从中随机抽取16个零件，测得样本均值 $\bar{x} = 20$，样本标准差 $s = 1$，则 μ 的置信度为 0.90 的置信区间是 （   ）

A. $\left(20-\dfrac{1}{4}t_{0.05}(16),20+\dfrac{1}{4}t_{0.05}(16)\right)$

B. $\left(20-\dfrac{1}{4}t_{0.1}(16),20+\dfrac{1}{4}t_{0.1}(16)\right)$

C. $\left(20-\dfrac{1}{4}t_{0.05}(15),20+\dfrac{1}{4}t_{0.05}(15)\right)$

D. $\left(20-\dfrac{1}{4}t_{0.1}(15),20+\dfrac{1}{4}t_{0.1}(15)\right)$

9. (2009 年考研数学) 设 $(X_1,X_2,\cdots,X_n)$ 为来自二项分布总体 $X \sim B(n,p)$ 的简单随机样本, $\overline{X}$ 是样本均值, S^2 是样本方差, $T=\overline{X}-S^2$, 则 $E(T)=$ _____.

10. (2008 年考研数学) 设 $(X_1,X_2,\cdots,X_n)$ 为来自总体 $X \sim N(\mu,\sigma^2)$ 的简单随机样本, $\overline{X}$ 是样本均值, S^2 是样本方差, $T=\overline{X}^2-\dfrac{1}{n}S^2$. (1) 证明 T 是 μ^2 的无偏估计量; (2) 当 $\mu=0,\sigma=1$ 时, 求 $D(T)$.

11. (2007 年考研数学) 设总体 X 的概率密度为

$$f(x)=\begin{cases}\dfrac{1}{2\theta}, & 0<x<\theta \\ \dfrac{1}{2(1-\theta)}, & \theta\leqslant x<1 \\ 0, & 其他\end{cases}$$

$(X_1,X_2,\cdots,X_n)$ 为来自总体 X 的简单随机样本, $\overline{X}$ 是样本均值. (1) 求参数 θ 的矩估计量 $\hat{\theta}$; (2) 判断 $4\overline{X}^2$ 是否为 θ^2 的无偏估计量, 并说明理由.

12. (2006 年考研数学) 设总体 X 的概率密度为 $f(x)=\dfrac{1}{2}\mathrm{e}^{-|x|}$, $-\infty<x<+\infty$, $(X_1,X_2,\cdots,X_n)$ 为总体 X 的简单随机样本, 其样本方差为 S^2, 则 $E(S^2)=$ _____.

13. (2004 年考研数学) 设随机变量 X 的分布函数为

$$F(x,\alpha,\beta)=\begin{cases}1-\left(\dfrac{\alpha}{x}\right)^{\beta}, & x>\alpha \\ 0, & x\leqslant\alpha\end{cases},$$

其中参数 $\alpha>0,\beta>1$. 设 $(X_1,X_2,\cdots,X_n)$ 为来自总体 X 的简单随机样本. (1) 当 $\alpha=1$ 时, 求未知参数 β 的矩估计量; (2) 当 $\alpha=1$ 时, 求未知参数 β 的最大似然估计量.

14. (2009 年考研数学) 总体 X 的分布密度为 $f(x;\lambda)=\begin{cases}\lambda^2 x\mathrm{e}^{-\lambda x}, & x>0 \\ 0, & 其他\end{cases}$, $\lambda>0$ 但未知, $(X_1,X_2,\cdots,X_n)$ 是取自总体 X 的简单随机样本, 求未知参数的

矩估计量和极大似然估计量.

15.（2004 年考研数学）设总体 X 的分布函数为 $F(x,\beta)=\begin{cases}1-\dfrac{1}{x^{\beta}}, & x>1, \\ 0, & x\leqslant 1\end{cases}$

其中未知参数 $\beta>1$，$(X_1,X_2,\cdots,X_n)$ 为来自总体 X 的简单随机样本，求：(1) β 的矩估计量；(2) β 的最大似然估计量.

16. 已知某城市 7 月份的降水量 $X\sim N(\mu,\sigma^2)$（单位：cm），现随机抽取此城市 7 月份降水量的历史数据 6 个：14.6，15.1，14.9，14.8，15.2，15.1. 试求此城市 7 月份降水量方差 σ^2 的置信度为 0.98 的置信区间.

17. 在一次数学统考中，随机抽取甲校 70 个学生的试卷，平均成绩 85 分；随机抽取乙校 50 个学生的试卷，平均成绩 81 分. 设两校学生数学成绩分别为：$X\sim N(\mu_1,8^2)$，$Y\sim N(\mu_2,6^2)$. 试求 $\mu_1-\mu_2$ 的置信度为 0.95 的置信区间.

18. 从某地区随机抽取男、女各 100 名，以估计男、女平均身高之差，测量并计算得男子身高的样本均值为 1.71m，样本标准差为 0.035m，女子身高的样本均值为 1.58m，样本标准差为 0.038m，假设男、女身高都服从正态分布且方差相等，试求男、女身高平均值之差的置信度为 0.95 的置信区间.

19. 在饲养了 4 个月的某一品种的鸡群中随机抽取 12 只公鸡和 10 只母鸡，平均体重分别为 $\overline{x}=2.14$ 千克，$\overline{y}=1.92$ 千克，标准差分别为 $s_1=0.11$ 千克，$s_2=0.18$ 千克，设公鸡和母鸡的体重分别为 $X\sim N(\mu_1,\sigma_1^2)$，$Y\sim N(\mu_2,\sigma_2^2)$，且方差不相等，试求 $\mu_1-\mu_2$ 的置信度为 0.95 的置信区间.

第 8 章　假设检验

前面我们学习了统计推断的第一类问题,即总体参数的点估计和区间估计.本章讨论统计推断的另一类问题,即假设检验问题,它是根据抽取的样本信息来判定总体是否具有某种性质的决策过程.

§8.1　假设检验的概念

首先关于总体的参数或概率分布提出某种"假设",然后根据样本的信息来检验(判断)所提"假设"是否成立,从而接受或拒绝该"假设",这一过程称为**假设检验**.假设检验一般分为两类:一类是总体分布已知,对总体的未知参数提出假设,再用样本来检验假设是否成立,此类检验称为**参数假设检验**;另一类是总体分布未知,对总体分布提出假设,再用样本来检验假设是否成立,此类检验称为**分布假设检验**或**非参数假设检验**.

例 8.1.1　某工厂生产 10 欧姆的电阻.根据以往生产电阻的实际情况,可以认为其电阻值 $X \sim N(\mu, \sigma^2)$,标准差 $\sigma = 0.1$,现在随机抽取 10 个电阻,测得它们的电阻值为:

$$9.9, 10.1, 10.2, 9.7, 9.9, 9.9, 10, 10.5, 10.1, 10.2.$$

试问:从这些样本数据信息,我们能否认为该厂生产的电阻的平均值 μ 为 10 欧姆?

这个问题就是在总体分布已知时,对总体的未知参数 μ 提出假设: $\mu = 10$.再通过样本信息检验这个假设是否成立,属于参数假设检验问题.

8.1.1　假设检验的基本思想

假设检验的基本思想是**小概率原理**或**实际推断原理**,即概率很小的事件在一次试验中认为基本上是不会发生的.

8.1.2　假设检验的方法及步骤

1. 就总体我们所关心的问题提出一个假设,记为 H_0,称为**原假设**或**零假设**;原假设的对立面称为**对立假设**或**备择假设**,记为 H_1.结论在原假设和对立假设中必居其一.

2. 在原假设成立的条件下构造特定的小概率事件.

（1）给定小概率的标准 α，即概率多小就认为是小概率了，α 称为**显著性水平**或**检验水平**，是一个事先指定的小的正数，一般为 5% 或 1%.

（2）利用第 6 章的抽样分布知识，选择一个适用于检验假设 H_0 的统计量（称为**检验统计量**），并在 H_0 成立的条件下，构造出一个适当的小概率事件，确定临界值及拒绝域.

3. 从试验得出的数据（即样本值）出发，看检验统计量的观察值是否落在拒绝域，即看构造的小概率事件是否发生. 如果小概率事件发生，则拒绝原假设 H_0；如果小概率事件未发生，则接受原假设 H_0.

注：上述方法的本质是带概率性质的反证法，即在假设检验时，如果在一次实验（或观察）中，小概率事件发生了，就以较大概率认为是不合理的，即表明原假设不成立，可以很大的把握否定假设 H_0.

8.1.3　假设检验的两类错误

假设检验是依据样本信息和实际推断原理而对总体分布的某个假设作出的检验结论，由于抽样的随机性，以及实际推断原理中的小概率事件仍是有可能发生的，所以假设检验也可能犯错误，可能犯的错误有两类，其可能性大小也是以统计规律性为依据的.

1. 两类错误

（1）第一类错误：原假设 H_0 符合实际情况，但被检验结果错误地拒绝了，称为**弃真错误**.

（2）第二类错误：原假设 H_0 不符合实际情况，但被检验结果错误地接受了，称为**取伪错误**.

2. 犯两类错误的概率

（1）犯第一类错误的概率：$P($拒绝 $H_0 \mid H_0$ 为真$) = \alpha$；

（2）犯第二类错误的概率：$P($接受 $H_0 \mid H_0$ 不真$) = \beta$.

注：（1）显著性水平 α 为犯第一类错误的概率.

（2）在样本容量固定、犯两类错误的概率不能同时减小的情况下，通常总是着重控制影响大且不能轻易拒绝 H_0 的犯第一类错误的概率，使之不超过给定值 α. 这种只对犯第一类错误加以控制而不考虑犯第二类错误的检验问题，称为**显著性检验问题**.

（3）由于犯第二类错误的概率的研究与计算超出了本书的范围，因此不作讨论，但提醒读者注意一般 $\alpha + \beta \neq 1$.

§8.2　单个正态总体均值的假设检验

在实际问题中,由于正态总体广泛存在,所以我们主要讨论正态总体的假设检验问题.以下讨论正态总体均值的假设检验.

8.2.1　单个正态总体 $N(\mu,\sigma^2)$ 均值 μ 的双边检验

1. 总体方差 σ^2 已知,检验 $H_0: \mu = \mu_0$,　$H_1: \mu \neq \mu_0$

设 $(X_1, X_2, \cdots, X_n)$ 为来自总体 $N(\mu,\sigma^2)$ 的样本.因为样本均值 $\overline{X}$ 是 μ 的一个良好估计,所以如果 $\mu = \mu_0$,即原假设成立时,$|\overline{X} - \mu_0|$ 应该比较小,从而 $\left|\dfrac{\overline{X} - \mu_0}{\sigma/\sqrt{n}}\right|$ 也应该比较小(因为 σ, n 均为已知常数).反之,如果它太大,那么想必是原假设不成立.因此,$\left|\dfrac{\overline{X} - \mu_0}{\sigma/\sqrt{n}}\right|$ 的大小可以用来检验原假设 $H_0: \mu = \mu_0$ 是否成立.

选择 $\dfrac{\overline{X} - \mu_0}{\sigma/\sqrt{n}}$ 为检验统计量.因为 $\dfrac{\overline{X} - \mu_0}{\sigma/\sqrt{n}} \sim N(0,1)$,所以由标准正态分布上 α 分位点的定义得

$$P\left(\left|\frac{\overline{X} - \mu_0}{\sigma/\sqrt{n}}\right| \geqslant Z_{\frac{\alpha}{2}}\right) = \alpha,$$

这里 α 为检验水平,一般为 $0.05, 0.01$ 等.若样本观察值 $(x_1, x_2, \cdots, x_n)$ 满足 $\left|\dfrac{\overline{x} - \mu_0}{\sigma/\sqrt{n}}\right| \geqslant Z_{\frac{\alpha}{2}}$,则拒绝假设 H_0,即接受假设 H_1;若样本观察值 $(x_1, x_2, \cdots, x_n)$ 满足 $\left|\dfrac{\overline{x} - \mu_0}{\sigma/\sqrt{n}}\right| < Z_{\frac{\alpha}{2}}$,则接受假设 H_0,从而临界值为 $\pm Z_{\frac{\alpha}{2}}$,H_0 的拒绝域为 $(-\infty, -Z_{\frac{\alpha}{2}}] \bigcup [Z_{\frac{\alpha}{2}}, +\infty)$.

例 8.2.1　某工厂生产 10 欧姆的电阻.根据以往生产的电阻实际情况,可以认为其电阻值 $X \sim N(\mu,\sigma^2)$,标准差 $\sigma = 0.1$,现在随机抽取 10 个电阻,测得它们的电阻值为:

$$9.9, 10.1, 10.2, 9.7, 9.9, 9.9, 10, 10.5, 10.1, 10.2.$$

试问:从这些样本,我们能否认为该厂生产的电阻的平均值 μ 为 10 欧姆?($\alpha = 0.05$)

解　提出假设 $H_0: \mu = 10$,　$H_1: \mu \neq 10$.

选取统计量 $\dfrac{\overline{X} - \mu_0}{\sigma/\sqrt{n}}$,对显著性水平 $\alpha = 0.05$,查表得 $Z_{\frac{\alpha}{2}} = 1.96$,又

$\overline{x} = 10.05$,所以

$$\left| \frac{\overline{x} - \mu_0}{\sigma/\sqrt{n}} \right| = \left| \frac{10.05 - 10}{0.1/\sqrt{10}} \right| = 1.581 < 1.96 = Z_{0.025},$$

所以接受原假设 H_0,即可以认为该厂生产的电阻的平均值 μ 为 10 欧姆.

2. 总体方差 σ^2 未知,检验 $H_0: \mu = \mu_0, H_1: \mu \neq \mu_0$

由于总体方差 σ^2 未知,故选取统计量 $\dfrac{\overline{X} - \mu_0}{S/\sqrt{n}}$ 作为检验统计量(即用样本标准差 S 代替 $\left| \dfrac{\overline{X} - \mu_0}{\sigma/\sqrt{n}} \right|$ 中的总体标准差 σ).由于 $\dfrac{\overline{X} - \mu_0}{S/\sqrt{n}} \sim t(n-1)$,由 t 分布的上 α 分位点定义得

$$P\left(\left| \frac{\overline{X} - \mu_0}{S/\sqrt{n}} \right| \geqslant t_{\frac{\alpha}{2}}(n-1) \right) = \alpha,$$

这里 α 为检验水平.若样本观察值 $(x_1, x_2, \cdots, x_n)$ 满足 $\left| \dfrac{\overline{x} - \mu_0}{s/\sqrt{n}} \right| \geqslant t_{\frac{\alpha}{2}}(n-1)$,则拒绝假设 H_0,即接受假设 H_1;若样本观察值 $(x_1, x_2, \cdots, x_n)$ 满足 $\left| \dfrac{\overline{x} - \mu_0}{s/\sqrt{n}} \right| < t_{\frac{\alpha}{2}}(n-1)$,则接受假设 H_0,从而临界值为 $\pm t_{\frac{\alpha}{2}}(n-1)$,$H_0$ 的拒绝域为 $(-\infty, -t_{\frac{\alpha}{2}}(n-1)] \bigcup [t_{\frac{\alpha}{2}}(n-1), +\infty)$.

例 8.2.2 某地区青少年犯罪年龄构成服从正态分布,现随机抽取 9 名青少年罪犯,其年龄如下:

$$22, 17, 19, 25, 25, 18, 16, 23, 24.$$

试以 95% 的概率判断犯罪青少年的平均年龄是否为 18 岁.

解 提出假设 $H_0: \mu = 18, H_1: \mu \neq 18$.

选取统计量 $\dfrac{\overline{X} - \mu_0}{S/\sqrt{n}}$.

① 对于给定的显著性水平 $\alpha = 0.05$,自由度 $n-1 = 8$,查 t 分布表得

$$t_{\frac{\alpha}{2}}(n-1) = t_{0.025}(8) = 2.3060.$$

② 由题计算得样本均值和样本方差分别为 $\overline{x} = 21$ 和 $s^2 = \dfrac{1}{9-1} \sum_{i=1}^{9} (x_i - \overline{x})^2 = 12.5$;计算统计量观察值 $\dfrac{\overline{x} - \mu_0}{s/\sqrt{n}} = \dfrac{21 - 18}{\sqrt{\dfrac{12.5}{9}}} \approx 2.55$.

③ 由于 $2.55 > t_{\frac{\alpha}{2}}(n-1) = 2.3060$,所以拒绝原假设 H_0,而接受假设 H_1,即不能以 95% 的把握推断该地区青少年犯罪的平均年龄是 18 岁.

8.2.2 单个正态总体 $N(\mu, \sigma^2)$ 均值 μ 的单边检验

假设 $H_0: \mu = \mu_0, H_1: \mu > \mu_0$;或者 $H_0: \mu = \mu_0, H_1: \mu < \mu_0$.

设 $(X_1, X_2, \cdots, X_n)$ 为来自总体 $N(\mu, \sigma^2)$ 的样本. 求对以上假设的显著性水平为 α 的假设检验.

1. 总体方差 σ^2 已知，检验 $H_0: \mu = \mu_0$，$H_1: \mu < \mu_0$

选择 $\dfrac{\overline{X} - \mu_0}{\sigma / \sqrt{n}}$ 为检验统计量. 因为 $\dfrac{\overline{X} - \mu_0}{\sigma / \sqrt{n}} \sim N(0, 1)$，所以由标准正态分布上 α 分位定义得

$$P\left(\frac{\overline{X} - \mu_0}{\sigma / \sqrt{n}} < -Z_\alpha\right) = \alpha,$$

这里 α 为检验水平. 若样本观察值 $(x_1, x_2, \cdots, x_n)$ 满足 $\dfrac{\overline{x} - \mu_0}{\sigma / \sqrt{n}} < -Z_\alpha$，则拒绝假设 H_0，接受假设 H_1；若样本观察值 $(x_1, x_2, \cdots, x_n)$ 满足 $\dfrac{\overline{x} - \mu_0}{\sigma / \sqrt{n}} > -Z_\alpha$，则接受假设 H_0，从而临界值为 $-Z_\alpha$，H_0 的拒绝域为 $(-\infty, -Z_\alpha)$，它是处于数轴一端的单边拒绝域，故称此检验为**左边检验**.

例 8.2.3　已知某零件的重量（单位：g）$X \sim N(\mu, \sigma^2)$，由经验知 $\mu = 10$，$\sigma^2 = 0.05$. 技术革新后，抽取 8 个样品，测得重量为：

$$9.8, 9.5, 10.1, 9.6, 10.2, 10.1, 9.8, 10.0.$$

若已知方差 σ^2 不变，问平均重量是否比 10 小？($\alpha = 0.05$)

解　本例是 μ 的左边检验问题，在 $\alpha = 0.05$ 下检验假设

$$H_0: \mu = 10, \quad H_1: \mu < 10.$$

由 $\alpha = 0.05$，查表得 $Z_\alpha = 1.645$，又由样本值计算得 $\overline{x} = 9.9$.

$\dfrac{\overline{x} - \mu_0}{\sigma / \sqrt{n}} = \dfrac{9.9 - 10}{\sqrt{0.05} / \sqrt{8}} = -1.26$，因为 $\dfrac{\overline{x} - \mu_0}{\sigma / \sqrt{n}} = -1.26 > -1.645$，所以接受原假设 H_0，即认为零件的平均重量为 10，不比 10 小.

2. 总体方差 σ^2 已知，检验 $H_0: \mu = \mu_0$，$H_1: \mu > \mu_0$

在方差 σ^2 已知的条件下，对于给定的 α，若样本观察值 $(x_1, x_2, \cdots, x_n)$ 满足 $\dfrac{\overline{x} - \mu_0}{\sigma / \sqrt{n}} \geqslant Z_\alpha$，则拒绝假设 H_0，接受假设 H_1；否则接受假设 H_0.

例 8.2.4　某厂生产的一种铜丝，它的主要质量指标是折断力（单位：kg）大小. 根据以往资料分析，可以认为折断力 $X \sim N(570, 8^2)$，今换了原材料新生产一批铜丝，并从中随机抽出 10 个样品，测得折断力为：

$$578, 572, 568, 570, 572, 570, 570, 572, 596, 584.$$

从性质上看，估计折断力的方差不会变化，问这批铜丝的折断力是否比以往生产的铜丝的折断力大？($\alpha = 0.05$)

解　依题意，提出假设：$H_0: \mu = 570, H_1: \mu > 570$.

由 $\alpha = 0.05$，查表得 $Z_\alpha = 1.645$，又由样本值计算得 $\bar{x} = 575.2$.

$\dfrac{\bar{x} - \mu_0}{\sigma / \sqrt{n}} = \dfrac{575.2 - 570}{8 / \sqrt{10}} = 2.055$，因为 $\dfrac{\bar{x} - \mu_0}{\sigma / \sqrt{n}} = 2.055 > 1.645$，所以拒绝原

假设 H_0，即接受 H_1，可以认为新生产的铜丝的折断力比以往生产的铜丝的折断力要大.

§8.3 单个正态总体方差的假设检验

设 $(X_1, X_2, \cdots, X_n)$ 为来自总体 $N(\mu, \sigma^2)$ 的样本. 试在显著性水平为 α 的情况下，检验未知参数 $\sigma^2 = \sigma_0^2$ 是否成立.

1. 均值 μ 已知的情况

（1）提出假设：$H_0: \sigma^2 = \sigma_0^2$ $\quad$ $H_1: \sigma^2 \neq \sigma_0^2$.

（2）利用常见的统计量构造小概率事件.

选取检验统计量 $\displaystyle\sum_{i=1}^{n} \left(\dfrac{X_i - \mu}{\sigma} \right)^2$，由第 6 章

抽样分布知 $\displaystyle\sum_{i=1}^{n} \left(\dfrac{X_i - \mu}{\sigma} \right)^2 \sim \chi^2(n)$，所以

$$P\left\{ \dfrac{\displaystyle\sum_{i=1}^{n}(X_i - \mu)^2}{\sigma^2} > \chi_{\frac{\alpha}{2}}^2(n) \right\} = \dfrac{\alpha}{2}, \quad\text{且}$$

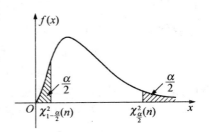

图 8 - 1

$$P\left\{ \dfrac{\displaystyle\sum_{i=1}^{n}(X_i - \mu)^2}{\sigma^2} < \chi_{1-\frac{\alpha}{2}}^2(n) \right\} = \dfrac{\alpha}{2}, \text{如图 8 - 1}$$

所示. 也就是说，

$$\left\{ \dfrac{\displaystyle\sum_{i=1}^{n}(X_i - \mu)^2}{\sigma^2} > \chi_{\frac{\alpha}{2}}^2(n) \right\} \bigcup \left\{ \dfrac{\displaystyle\sum_{i=1}^{n}(X_i - \mu)^2}{\sigma^2} < \chi_{1-\frac{\alpha}{2}}^2(n) \right\}$$

即为我们所寻找的小概率事件.

（3）代入样本值等数据，计算出（或查表得到）：$\dfrac{\displaystyle\sum_{i=1}^{n}(X_i - \mu)^2}{\sigma^2}$，

$\chi_{\frac{\alpha}{2}}^2(n), \chi_{1-\frac{\alpha}{2}}^2(n)$.

（4）判断上述小概率事件是否发生，从而得到相应检验结果并决策.

2. 均值 μ 未知的情况

（1）提出假设：$H_0: \sigma^2 = \sigma_0^2, H_1: \sigma^2 \neq \sigma_0^2$.

（2）选取检验统计量 $\dfrac{(n-1)S^2}{\sigma^2}$ 构造小概率事件.

由定理 6.2.1 知 $\dfrac{(n-1)S^2}{\sigma^2} \sim \chi^2(n-1)$，所以 $P\left\{\dfrac{(n-1)S^2}{\sigma^2} > \chi^2_{\frac{\alpha}{2}}(n-1)\right\}$

$= \dfrac{\alpha}{2}$，且 $P\left\{\dfrac{(n-1)S^2}{\sigma^2} < \chi^2_{1-\frac{\alpha}{2}}(n-1)\right\} = \dfrac{\alpha}{2}$，如图 8 - 2 所示. 也就是说，

$\left\{\dfrac{(n-1)S^2}{\sigma^2} > \chi^2_{\frac{\alpha}{2}}(n-1)\right\} \cup \left\{\dfrac{(n-1)S^2}{\sigma^2} < \chi^2_{1-\frac{\alpha}{2}}(n-1)\right\}$ 即为我们所寻找的

小概率事件.

（3）代入样本值等数据，计算出（或查表

得到）：$\dfrac{(n-1)S^2}{\sigma_0^2}$，$\chi^2_{\frac{\alpha}{2}}(n-1)$，$\chi^2_{1-\frac{\alpha}{2}}(n-1)$.

（4）判断上述小概率事件是否发生，从

而得到相应检验结果并决策.

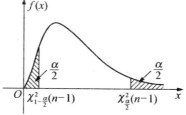

图 8 - 2

例 8.3.1　某公司生产的发动机部件

的直径（单位：cm）$X \sim N(\mu, \sigma^2)$. 该公司称

它的标准差 $\sigma_0 = 0.048$. 现随机抽取 5 个部件，测得它们的直径为：

$$1.32, 1.55, 1.36, 1.40, 1.44.$$

取 $\alpha = 0.05$. 我们能否认为该公司生产的发动机部件的直径的标准差确实

为 $\sigma = \sigma_0$？

解　提出假设：$H_0: \sigma^2 = \sigma_0^2$，$H_1: \sigma^2 \neq \sigma_0^2$.

$n = 5$，$\alpha = 0.05$，$\sigma_0^2 = 0.048^2$，由样本值计算及查表得

$$\frac{(n-1)S^2}{\sigma_0^2} = \frac{3 \times 0.00778}{0.048^2} \approx 13.51,$$

$$\chi^2_{\frac{\alpha}{2}}(n-1) = \chi^2_{0.025}(4) = 11.143, \quad \chi^2_{1-\frac{\alpha}{2}}(n-1) = \chi^2_{0.975}(4) = 0.484.$$

显然，$\dfrac{(n-1)S^2}{\sigma_0^2} \approx 13.51 > 11.143 = \chi^2_{\frac{\alpha}{2}}(n-1)$，所以拒绝假设 H_0，即认

为该公司生产的发动机部件的直径的标准差不是 0.048cm.

第8章习题

A 组

1. 在 H_0 为原假设，H_1 为备择假设的假设检验中，若显著性水平为 α，则

（   ）

A. $P($接受 $H_0 \mid H_0$ 成立$) = \alpha$ B. $P($接受 $H_1 \mid H_1$ 成立$) = \alpha$

C. $P($接受 $H_1 \mid H_0$ 成立$) = \alpha$ D. $P($接受 $H_0 \mid H_1$ 成立$) = \alpha$

B 组

1. 根据长期经验和资料分析，某砖厂生产砖的抗断强度 X 服从正态分布，方差 $\sigma^2 = 1.21$. 现从该厂随机抽取 6 块砖，测得抗断强度如下（单位：kg/cm^2）：

$$32.56, 29.66, 31.64, 30.00, 31.87, 31.03.$$

检验这批砖的平均抗断强度为 $32.50 kg/cm^2$ 是否成立（$\alpha = 0.05$）.

2. 假定某厂生产一种钢索，它的断裂强度 X（单位：kg/cm^2）服从正态分布 $X \sim N(\mu, 40^2)$. 从中选取一个容量为 9 的样本，得 $\overline{x} = 780 kg/cm^2$. 能否据此样本认为这批钢索的平均断裂强度为 $800 kg/cm^2$？（$\alpha = 0.05$）

3. 某种零件的尺寸服从正态分布，方差为 $\sigma^2 = 1.21$，对一批这类零件检验 6 件得尺寸数据（单位：mm）为：

$$32.56, 29.66, 31.64, 30.00, 31.87, 31.03.$$

取 $\alpha = 0.05$ 时，问这批零件的平均尺寸能认为是 30.50mm 吗？

4. 某种产品的一项质量指标 $X \sim N(\mu, \sigma^2)$，在 5 次独立的测试中，测得数据（单位：cm）：

$$1.23, 1.22, 1.20, 1.26, 1.23.$$

可否认为该指标的数学期望 $\mu = 1.23 cm$？（$\alpha = 0.05$）

5. 某冶金实验室公布锰的熔化点为 1260℃，现对锰的熔化点作了四次试验，结果分别为：

$$1269℃, 1271℃, 1263℃, 1265℃.$$

设数据服从正态分布 $N(\mu, \sigma^2)$，在 $\alpha = 5\%$ 的水平下检验：锰的熔化点是否是公布的数字 1260℃？

6. 已知某钢铁厂铁水含碳量 $X \sim N(4.55, 0.108^2)$. 现对生产工艺进行了改进，测定了改进后的 9 炉铁水，其平均含碳量为 4.414. 如果估计方差没有变化，可否认为现在工艺生产的铁水平均含碳量较原来工艺降低了？（$\alpha = 0.05$）

7. 某零件外径服从正态分布，原来材质的零件外径标准差为 0.33mm，

为了降低成本,变更了零件的材质.材质变更后,测得10个零件外径尺寸的数据如下:

32.54,35.08,34.88,35.71,33.98,34.96,35.17,35.26,34.77,35.47.

试研究:材质变化后,零件外径的方差是否改变了?($\alpha = 0.05$)

8. 在某机床上加工的一种零件的内径尺寸,据以往经验服从正态分布,标准差为 $\sigma = 0.033$,某日开工后,抽取 15 个零件测量内径,样本标准差 $s = 0.050$,问这天加工的零件方差与以往有无显著差异?($\alpha = 0.05$)

9. 设某种电阻值 $X \sim N(\mu, 60)$,μ 未知,某天抽取 10 只这种电阻,测得电阻值的方差为 $s^2 = 87.682$,问方差有无显著变化?($\alpha = 0.1$)

附表1 标准正态分布表

$$\Phi(x) = \frac{1}{\sqrt{2\pi}} \int_{-\infty}^{x} e^{-\frac{t^2}{2}} dt = P(X \leqslant x), x \in \mathbf{R}.$$

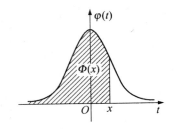

x	0.00	0.01	0.02	0.03	0.04	0.05	0.06	0.07	0.08	0.09
0.0	0.5000	0.5040	0.5080	0.5120	0.5160	0.5199	0.5239	0.5279	0.5319	0.5359
0.1	0.5398	0.5438	0.5478	0.5517	0.5557	0.5596	0.5636	0.5675	0.5714	0.5753
0.2	0.5793	0.5832	0.5871	0.5910	0.5948	0.5987	0.6026	0.6064	0.6103	0.6141
0.3	0.6179	0.6217	0.6255	0.6293	0.6331	0.6368	0.6406	0.6443	0.6480	0.6517
0.4	0.6554	0.6591	0.6628	0.6664	0.6700	0.6736	0.6772	0.6808	0.6844	0.6879
0.5	0.6915	0.6950	0.6985	0.7019	0.7054	0.7088	0.7123	0.7157	0.7190	0.7224
0.6	0.7257	0.7291	0.7324	0.7357	0.7389	0.7422	0.7454	0.7486	0.7517	0.7549
0.7	0.7580	0.7611	0.7642	0.7673	0.7703	0.7734	0.7764	0.7794	0.7823	0.7852
0.8	0.7881	0.7910	0.7939	0.7967	0.7995	0.8023	0.8051	0.8078	0.8106	0.8133
0.9	0.8159	0.8186	0.8212	0.8238	0.8264	0.8289	0.8315	0.8340	0.8365	0.8389
1.0	0.8413	0.8438	0.8461	0.8485	0.8508	0.8531	0.8554	0.8577	0.8599	0.8621
1.1	0.8643	0.8665	0.8686	0.8708	0.8729	0.8749	0.8770	0.8790	0.8810	0.8830
1.2	0.8849	0.8869	0.8888	0.8907	0.8925	0.8944	0.8962	0.8980	0.8997	0.9015
1.3	0.9032	0.9049	0.9066	0.9082	0.9099	0.9115	0.9131	0.9147	0.9162	0.9177
1.4	0.9192	0.9207	0.9222	0.9236	0.9251	0.9265	0.9278	0.9292	0.9306	0.9319

续　表

x	0.00	0.01	0.02	0.03	0.04	0.05	0.06	0.07	0.08	0.09
1.5	0.9332	0.9345	0.9357	0.9370	0.9382	0.9394	0.9406	0.9418	0.9430	0.9441
1.6	0.9452	0.9463	0.9474	0.9484	0.9495	0.9505	0.9515	0.9525	0.9535	0.9545
1.7	0.9554	0.9564	0.9573	0.9582	0.9591	0.9599	0.9608	0.9616	0.9625	0.9633
1.8	0.9641	0.9648	0.9656	0.9664	0.9671	0.9678	0.9686	0.9693	0.9700	0.9706
1.9	0.9713	0.9719	0.9726	0.9732	0.9738	0.9744	0.9750	0.9756	0.9762	0.9767
2.0	0.9772	0.9778	0.9783	0.9788	0.9793	0.9798	0.9803	0.9808	0.9812	0.9817
2.1	0.9821	0.9826	0.9830	0.9834	0.9838	0.9842	0.9846	0.9850	0.9854	0.9857
2.2	0.9861	0.9864	0.9868	0.9871	0.9874	0.9878	0.9881	0.9884	0.9887	0.9890
2.3	0.9893	0.9896	0.9898	0.9901	0.9904	0.9906	0.9909	0.9911	0.9913	0.9916
2.4	0.9918	0.9920	0.9922	0.9925	0.9927	0.9929	0.9931	0.9932	0.9934	0.9936
2.5	0.9938	0.9940	0.9941	0.9943	0.9945	0.9946	0.9948	0.9949	0.9951	0.9952
2.6	0.9953	0.9955	0.9956	0.9957	0.9959	0.9960	0.9961	0.9962	0.9963	0.9964
2.7	0.9965	0.9966	0.9967	0.9968	0.9969	0.9970	0.9971	0.9972	0.9973	0.9974
2.8	0.9974	0.9975	0.9976	0.9977	0.9977	0.9978	0.9979	0.9979	0.9980	0.9981
2.9	0.9981	0.9982	0.9982	0.9983	0.9984	0.9984	0.9985	0.9985	0.9986	0.9986
3.0	0.9987	0.9990	0.9993	0.9995	0.9997	0.9998	0.9998	0.9999	0.9999	1.0000

注：本表最后一行自左至右依次是 $\Phi(3.0), \cdots, \Phi(3.9)$ 的值.

附表 2 泊松分布表

$$P(X = k) = \frac{\lambda^k}{k!}e^{-\lambda}, k = 0, 1, 2, \cdots.$$

k \ λ	0.1	0.2	0.3	0.4	0.5	0.6	0.7	0.8	0.9	1.0	1.5	2.0	2.5	3.0
0	0.9048	0.8187	0.7408	0.6703	0.6065	0.5488	0.4966	0.4493	0.4066	0.3679	0.2231	0.1353	0.0821	0.0498
1	0.0905	0.1637	0.2223	0.2681	0.3033	0.3293	0.3476	0.3595	0.3659	0.3679	0.3347	0.2707	0.2052	0.1494
2	0.0045	0.0164	0.0333	0.0536	0.0758	0.0988	0.1216	0.1438	0.1647	0.1839	0.2510	0.2707	0.2565	0.2240
3	0.0002	0.0011	0.0033	0.0072	0.0126	0.0198	0.0284	0.0383	0.0494	0.0613	0.1255	0.1805	0.2138	0.2240
4		0.0001	0.0003	0.0007	0.0016	0.0030	0.0050	0.0077	0.0111	0.0153	0.0471	0.0902	0.1336	0.1681
5				0.0001	0.0002	0.0003	0.0007	0.0012	0.0020	0.0031	0.0141	0.0361	0.0668	0.1008
6						0.0001	0.0002	0.0003	0.0005	0.0035	0.0120	0.0278	0.0504	
7										0.0001	0.0008	0.0034	0.0099	0.0216
8											0.0002	0.0009	0.0031	0.0081
9												0.0002	0.0009	0.0027
10													0.0002	0.0008
11													0.0001	0.0002
12														0.0001

k \ λ	3.5	4.0	4.5	5	6	7	8	9	10	11	12	13	14	15
0	0.0302	0.0183	0.0111	0.0067	0.0025	0.0009	0.0003	0.0001						
1	0.1057	0.0733	0.0500	0.0337	0.0149	0.0064	0.0027	0.0011	0.0004	0.0002	0.0001			
2	0.1850	0.1465	0.1125	0.0842	0.0446	0.0223	0.0107	0.0050	0.0023	0.0010	0.0004	0.0002	0.0001	
3	0.2158	0.1954	0.1687	0.1404	0.0892	0.0521	0.0286	0.0150	0.0076	0.0037	0.0018	0.0008	0.0004	0.0002

k \ λ	3.5	4.0	4.5	5	6	7	8	9	10	11	12	13	14	15
4	0.1888	0.1954	0.1898	0.1755	0.1339	0.0912	0.0573	0.0337	0.0189	0.0102	0.0053	0.0027	0.0013	0.0006
5	0.1322	0.1563	0.1708	0.1755	0.1606	0.1277	0.0916	0.0607	0.0378	0.0224	0.0127	0.0071	0.0037	0.0019
6	0.0771	0.1042	0.1281	0.1462	0.1606	0.1490	0.1221	0.0911	0.0631	0.0411	0.0255	0.0151	0.0087	0.0048
7	0.0385	0.0595	0.0824	0.1044	0.1377	0.1490	0.1396	0.1171	0.0901	0.0646	0.0437	0.0281	0.0174	0.0104
8	0.0169	0.0298	0.0463	0.0653	0.1033	0.1304	0.1396	0.1318	0.1126	0.0888	0.0655	0.0457	0.0304	0.0195
9	0.0065	0.0132	0.0232	0.0363	0.0688	0.1014	0.1241	0.1318	0.1251	0.1085	0.0874	0.0660	0.0473	0.0324
10	0.0023	0.0053	0.0104	0.0181	0.0413	0.0710	0.0993	0.1186	0.1251	0.1194	0.1048	0.0859	0.0663	0.0486
11	0.0007	0.0019	0.0043	0.0082	0.0225	0.0452	0.0722	0.0970	0.1137	0.1194	0.1144	0.1015	0.0843	0.0663
12	0.0002	0.0006	0.0015	0.0034	0.0113	0.0264	0.0481	0.0728	0.0948	0.1094	0.1144	0.1099	0.0984	0.0828
13	0.0001	0.0002	0.0006	0.0013	0.0052	0.0142	0.0296	0.0504	0.0729	0.0926	0.1056	0.1099	0.1061	0.0956
14		0.0001	0.0002	0.0005	0.0023	0.0071	0.0169	0.0324	0.0521	0.0728	0.0905	0.1021	0.1061	0.1025
15			0.0001	0.0002	0.0009	0.0033	0.0090	0.0194	0.0347	0.0533	0.0724	0.0885	0.0989	0.1025
16				0.0001	0.0003	0.0015	0.0045	0.0109	0.0217	0.0367	0.0543	0.0719	0.0865	0.0960
17					0.0001	0.0006	0.0021	0.0058	0.0128	0.0237	0.0383	0.0551	0.0713	0.0847
18						0.0002	0.0010	0.0029	0.0071	0.0145	0.0255	0.0397	0.0554	0.0706
19						0.0001	0.0004	0.0014	0.0037	0.0084	0.0161	0.0272	0.0408	0.0557
20							0.0002	0.0006	0.0019	0.0046	0.0097	0.0177	0.0286	0.0418
21							0.0001	0.0003	0.0009	0.0024	0.0055	0.0109	0.0191	0.0299
22								0.0001	0.0004	0.0013	0.0030	0.0065	0.0122	0.0204
23									0.0002	0.0006	0.0016	0.0036	0.0074	0.0133
24									0.0001	0.0003	0.0008	0.0020	0.0043	0.0083
25										0.0001	0.0004	0.0011	0.0024	0.0050
26											0.0002	0.0005	0.0013	0.0029
27											0.0001	0.0002	0.0007	0.0017
28												0.0001	0.0003	0.0009

k \ λ	3.5	4.0	4.5	5	6	7	8	9	10	11	12	13	14	15
29													0.0002	0.0004
30													0.0001	0.0002
31														0.0001

$\lambda = 20$						$\lambda = 30$					
k	p	k	p	k	p	k	p	k	p	k	p
5	0.0001	20	0.0889	35	0.0007	10		25	0.0511	40	0.0139
6	0.0002	21	0.0846	36	0.0004	11		26	0.0590	41	0.0102
7	0.0006	22	0.0769	37	0.0002	12	0.0001	27	0.0655	42	0.0073
8	0.0013	23	0.0669	38	0.0001	13	0.0002	28	0.0702	43	0.0051
9	0.0029	24	0.0557	39	0.0001	14	0.0005	29	0.0727	44	0.0035
10	0.0058	25	0.0446			15	0.0010	30	0.0727	45	0.0023
11	0.0106	26	0.0343			16	0.0019	31	0.0703	46	0.0015
12	0.0176	27	0.0254			17	0.0034	32	0.0659	47	0.0010
13	0.0271	28	0.0183			18	0.0057	33	0.0599	48	0.0006
14	0.0382	29	0.0125			19	0.0089	34	0.0529	49	0.0004
15	0.0517	30	0.0083			20	0.0134	35	0.0453	50	0.0002
16	0.0646	31	0.0054			21	0.0192	36	0.0378	51	0.0001
17	0.0760	32	0.0034			22	0.0261	37	0.0306	52	0.0001
18	0.0844	33	0.0021			23	0.0341	38	0.0242		
19	0.0889	34	0.0012			24	0.0426	39	0.0186		

		λ = 40						λ = 50			
k	p	k	p	k	p	k	p	k	p	k	p
15		35	0.0485	55	0.0043	25		45	0.0458	65	0.0063
16		36	0.0539	56	0.0031	26	0.0001	46	0.0498	66	0.0048
17		37	0.0583	57	0.0022	27	0.0001	47	0.0530	67	0.0036
18	0.0001	38	0.0614	58	0.0015	28	0.0002	48	0.0552	68	0.0026
19	0.0001	39	0.0629	59	0.0010	29	0.0004	49	0.0564	69	0.0019
20	0.0002	40	0.0629	60	0.0007	30	0.0007	50	0.0564	70	0.0014
21	0.0004	41	0.0614	61	0.0005	31	0.0011	51	0.0552	71	0.0010
22	0.0007	42	0.0585	62	0.0003	32	0.0017	52	0.0531	72	0.0007
23	0.0012	43	0.0544	63	0.0002	33	0.0026	53	0.0501	73	0.0005
24	0.0019	44	0.0495	64	0.0001	34	0.0038	54	0.0464	74	0.0003
25	0.0031	45	0.0440	65	0.0001	35	0.0054	55	0.0422	75	0.0002
26	0.0047	46	0.0382			36	0.0075	56	0.0377	76	0.0001
27	0.0070	47	0.0325			37	0.0102	57	0.0330	77	0.0001
28	0.0100	48	0.0271			38	0.0134	58	0.0285	78	0.0001
29	0.0139	49	0.0221			39	0.0172	59	0.0241		
30	0.0185	50	0.0177			40	0.0215	60	0.0201		
31	0.0238	51	0.0139			41	0.0262	61	0.0165		
32	0.0298	52	0.0107			42	0.0312	62	0.0133		
33	0.0361	53	0.0081			43	0.0363	63	0.0106		
34	0.0425	54	0.0060			44	0.0412	64	0.0082		

附表 3　χ² 分布表

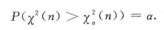

$$P(\chi^2(n) > \chi_\alpha^2(n)) = \alpha.$$

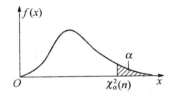

n	α												
	0.995	0.99	0.975	0.95	0.9	0.75	0.5	0.25	0.1	0.05	0.025	0.01	0.005
1	…	…	…	…	0.02	0.1	0.45	1.32	2.71	3.84	5.02	6.63	7.88
2	0.01	0.02	0.02	0.1	0.21	0.58	1.39	2.77	4.61	5.99	7.38	9.21	10.6
3	0.07	0.11	0.22	0.35	0.58	1.21	2.37	4.11	6.25	7.81	9.35	11.34	12.84
4	0.21	0.3	0.48	0.71	1.06	1.92	3.36	5.39	7.78	9.49	11.14	13.28	14.86
5	0.41	0.55	0.83	1.15	1.61	2.67	4.35	6.63	9.24	11.07	12.83	15.09	16.75
6	0.68	0.87	1.24	1.64	2.2	3.45	5.35	7.84	10.64	12.59	14.45	16.81	18.55
7	0.99	1.24	1.69	2.17	2.83	4.25	6.35	9.04	12.02	14.07	16.01	18.48	20.28
8	1.34	1.65	2.18	2.73	3.4	5.07	7.34	10.22	13.36	15.51	17.53	20.09	21.96
9	1.73	2.09	2.7	3.33	4.17	5.9	8.34	11.39	14.68	16.92	19.02	21.67	23.59
10	2.16	2.56	3.25	3.94	4.87	6.74	9.34	12.55	15.99	18.31	20.48	23.21	25.19
11	2.6	3.05	3.82	4.57	5.58	7.58	10.34	13.7	17.28	19.68	21.92	24.72	26.76
12	3.07	3.57	4.4	5.23	6.3	8.44	11.34	14.85	18.55	21.03	23.34	26.22	28.3
13	3.57	4.11	5.01	5.89	7.04	9.3	12.34	15.98	19.81	22.36	24.74	27.69	29.82
14	4.07	4.66	5.63	6.57	7.79	10.17	13.34	17.12	21.06	23.68	26.12	29.14	31.32
15	4.6	5.23	6.27	7.26	8.55	11.04	14.34	18.25	22.31	25	27.49	30.58	32.8
16	5.14	5.81	6.91	7.96	9.31	11.91	15.34	19.37	23.54	26.3	28.85	32	34.27

n	α												
	0.995	0.99	0.975	0.95	0.9	0.75	0.5	0.25	0.1	0.05	0.025	0.01	0.005
17	5.7	6.41	7.56	8.67	10.09	12.79	16.34	20.49	24.77	27.59	30.19	33.41	35.72
18	6.26	7.01	8.23	9.39	10.86	13.68	17.34	21.6	25.99	28.87	31.53	34.81	37.16
19	6.84	7.63	8.91	10.12	11.65	14.56	18.34	22.72	27.2	30.14	32.85	36.19	38.58
20	7.43	8.26	9.59	10.85	12.44	15.45	19.34	23.83	28.41	31.41	34.17	37.57	40
21	8.03	8.9	10.28	11.59	13.24	16.34	20.34	24.93	29.62	32.67	35.48	38.93	41.4
22	8.64	9.54	10.98	12.34	14.04	17.24	21.34	26.04	30.81	33.92	36.78	40.29	42.8
23	9.26	10.2	11.69	13.09	14.85	18.14	22.34	27.14	32.01	35.17	38.08	41.64	44.18
24	9.89	10.86	12.4	13.85	15.66	19.04	23.34	28.24	33.2	36.42	39.36	42.98	45.56
25	10.52	11.52	13.12	14.61	16.47	19.94	24.34	29.34	34.38	37.65	40.65	44.31	46.93
26	11.16	12.2	13.84	15.38	17.29	20.84	25.34	30.43	35.56	38.89	41.92	45.64	48.29
27	11.81	12.88	14.57	16.15	18.11	21.75	26.34	31.53	36.74	40.11	43.19	46.96	49.64
28	12.46	13.56	15.31	16.93	18.94	22.66	27.34	32.62	37.92	41.34	44.46	48.28	50.99
29	13.12	14.26	16.05	17.71	19.77	23.57	28.34	33.71	39.09	42.56	45.72	49.59	52.34
30	13.79	14.95	16.79	18.49	20.6	24.48	29.34	34.8	40.26	43.77	46.98	50.89	53.67
40	20.71	22.16	24.43	26.51	29.05	33.66	39.34	45.62	51.8	55.76	59.34	63.69	66.77
50	27.99	29.71	32.36	34.76	37.69	42.94	49.33	56.33	63.17	67.5	71.42	76.15	79.49
60	35.53	37.48	40.48	43.19	46.46	52.29	59.33	66.98	74.4	79.08	83.3	88.38	91.95
70	43.28	45.44	48.76	51.74	55.33	61.7	69.33	77.58	85.53	90.53	95.02	100.42	104.22
80	51.17	53.54	57.15	60.39	64.28	71.14	79.33	88.13	96.58	101.88	106.63	112.33	116.32
90	59.2	61.75	65.65	69.13	73.29	80.62	89.33	98.64	107.56	113.14	118.14	124.12	128.3
100	67.33	70.06	74.22	77.93	82.36	90.13	99.33	109.14	118.5	124.34	129.56	135.81	140.17

附表 4   t 分布表

$$P(t(n) > t_\alpha(n)) = \alpha.$$

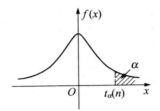

n \ α	0.25	0.10	0.05	0.025	0.01	0.005
1	1.0000	3.0777	6.3138	12.7062	31.8207	63.6574
2	0.8165	1.8856	2.9200	4.3207	6.9646	9.9248
3	0.7649	1.6377	2.3534	3.1824	4.5407	5.8409
4	0.7407	1.5332	2.1318	2.7764	3.7469	4.6041
5	0.7267	1.4759	2.0150	2.5706	3.3649	4.0322
6	0.7176	1.4398	1.9432	2.4469	3.1427	3.7074
7	0.7111	1.4149	1.8946	2.3646	2.9980	3.4995
8	0.7064	1.3968	1.8595	2.3060	2.8965	3.3554
9	0.7027	1.3830	1.8331	2.2622	2.8214	3.2498
10	0.6998	1.3722	1.8125	2.2281	2.7638	3.1693
11	0.6974	1.3634	1.7959	2.2010	2.7181	3.1058
12	0.6955	1.3562	1.7823	2.1788	2.6810	3.0545
13	0.6938	1.3502	1.7709	2.1604	2.6503	3.0123
14	0.6924	1.3450	1.7613	2.1448	2.6245	2.9768
15	0.6912	1.3406	1.7531	2.1315	2.6025	2.9467
16	0.6901	1.3368	1.7459	2.1199	2.5835	2.9028

n \ α	0.25	0.10	0.05	0.025	0.01	0.005
17	0.6892	1.3334	1.7396	2.1098	2.5669	2.8982
18	0.6884	1.3304	1.7341	2.1009	2.5524	2.8784
19	0.6876	1.3277	1.7291	2.0930	2.5395	2.8609
20	0.6870	1.3253	1.7247	2.0860	2.5280	2.8453
21	0.6864	1.3232	1.7207	2.0796	2.5177	2.8314
22	0.6858	1.3212	1.7171	2.0739	2.5083	2.8188
23	0.6853	1.3195	1.7139	2.0687	2.4999	2.8073
24	0.6848	1.3178	1.7109	2.0639	2.4922	2.7969
25	0.6844	1.3163	1.7081	2.0595	2.4851	2.7874
26	0.6840	1.3150	1.7056	2.0555	2.4786	2.7787
27	0.6837	1.3137	1.7033	2.0518	2.4727	2.7707
28	0.6834	1.3125	1.7011	2.0484	2.4671	2.7633
29	0.6830	1.3114	1.6991	2.0452	2.4620	2.7564
30	0.6828	1.3104	1.6973	2.0423	2.4573	2.7500

附表 5　F 分布表

$$P(F(n_1, n_2) > F_\alpha(n_1, n_2)) = \alpha.$$

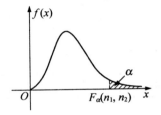

$\alpha = 0.005$

n_1 / n_2	1	2	3	4	5	6	8	12	24	∞
1	16211	20000	21615	22500	23056	23437	23925	24426	24940	25465
2	198.5	199.0	199.2	199.2	199.3	199.3	199.4	199.4	199.5	199.5
3	55.55	49.80	47.47	46.19	45.39	44.84	44.13	43.39	42.62	41.83
4	31.33	26.28	24.26	23.15	22.46	21.97	21.35	20.70	20.03	19.32
5	22.78	18.31	16.53	15.56	14.94	14.51	13.96	13.38	12.78	12.14
6	18.63	14.45	12.92	12.03	11.46	11.07	10.57	10.03	9.47	8.88
7	16.24	12.40	10.88	10.05	9.52	9.16	8.68	8.18	7.65	7.08
8	14.69	11.04	9.60	8.81	8.30	7.95	7.50	7.01	6.50	5.95
9	13.61	10.11	8.72	7.96	7.47	7.13	6.69	6.23	5.73	5.19
10	12.83	9.43	8.08	7.34	6.87	6.54	6.12	5.66	5.17	4.64
11	12.23	8.91	7.60	6.88	6.42	6.10	5.68	5.24	4.76	4.23
12	11.75	8.51	7.23	6.52	6.07	5.76	5.35	4.91	4.43	3.90
13	11.37	8.19	6.93	6.23	5.79	5.48	5.08	4.64	4.17	3.65
14	11.06	7.92	6.68	6.00	5.56	5.26	4.86	4.43	3.96	3.44
15	10.80	7.70	6.48	5.80	5.37	5.07	4.67	4.25	3.79	3.26

续　表

n_2 \ n_1	1	2	3	4	5	6	8	12	24	∞
16	10.58	7.51	6.30	5.64	5.21	4.91	4.52	4.10	3.64	3.11
17	10.38	7.35	6.16	5.50	5.07	4.78	4.39	3.97	3.51	2.98
18	10.22	7.21	6.03	5.37	4.96	4.66	4.28	3.86	3.40	2.87
19	10.07	7.09	5.92	5.27	4.85	4.56	4.18	3.76	3.31	2.78
20	9.94	6.99	5.82	5.17	4.76	4.47	4.09	3.68	3.22	2.69
21	9.83	6.89	5.73	5.09	4.68	4.39	4.01	3.60	3.15	2.61
22	9.73	6.81	5.65	5.02	4.61	4.32	3.94	3.54	3.08	2.55
23	9.63	6.73	5.58	4.95	4.54	4.26	3.88	3.47	3.02	2.48
24	9.55	6.66	5.52	4.89	4.49	4.20	3.83	3.42	2.97	2.43
25	9.48	6.60	5.46	4.84	4.43	4.15	3.78	3.37	2.92	2.38
26	9.41	6.54	5.41	4.79	4.38	4.10	3.73	3.33	2.87	2.33
27	9.34	6.49	5.36	4.74	4.34	4.06	3.69	3.28	2.83	2.29
28	9.28	6.44	5.32	4.70	4.30	4.02	3.65	3.25	2.79	2.25
29	9.23	6.40	5.28	4.66	4.26	3.98	3.61	3.21	2.76	2.21
30	9.18	6.35	5.24	4.62	4.23	3.95	3.58	3.18	2.73	2.18
40	8.83	6.07	4.98	4.37	3.99	3.71	3.35	2.95	2.50	1.93
60	8.49	5.79	4.73	4.14	3.76	3.49	3.13	2.74	2.29	1.69
120	8.18	5.54	4.50	3.92	3.55	3.28	2.93	2.54	2.09	1.43

$\alpha = 0.01$

n_2 \ n_1	1	2	3	4	5	6	8	12	24	∞
1	4052	4999	5403	5625	5764	5859	5981	6106	6234	6366
2	98.49	99.01	99.17	99.25	99.30	99.33	99.36	99.42	99.46	99.50
3	34.12	30.81	29.46	28.71	28.24	27.91	27.49	27.05	26.60	26.12
4	21.20	18.00	16.69	15.98	15.52	15.21	14.80	14.37	13.93	13.46
5	16.26	13.27	12.06	11.39	10.97	10.67	10.29	9.89	9.47	9.02
6	13.74	10.92	9.78	9.15	8.75	8.47	8.10	7.72	7.31	6.88

续　表

n_2 \ n_1	1	2	3	4	5	6	8	12	24	∞
7	12.25	9.55	8.45	7.85	7.46	7.19	6.84	6.47	6.07	5.65
8	11.26	8.65	7.59	7.01	6.63	6.37	6.03	5.67	5.28	4.86
9	10.56	8.02	6.99	6.42	6.06	5.80	5.47	5.11	4.73	4.31
10	10.04	7.56	6.55	5.99	5.64	5.39	5.06	4.71	4.33	3.91
11	9.65	7.20	6.22	5.67	5.32	5.07	4.74	4.40	4.02	3.60
12	9.33	6.93	5.95	5.41	5.06	4.82	4.50	4.16	3.78	3.36
13	9.07	6.70	5.74	5.20	4.86	4.62	4.30	3.96	3.59	3.16
14	8.86	6.51	5.56	5.03	4.69	4.46	4.14	3.80	3.43	3.00
15	8.68	6.36	5.42	4.89	4.56	4.32	4.00	3.67	3.29	2.87
16	8.53	6.23	5.29	4.77	4.44	4.20	3.89	3.55	3.18	2.75
17	8.40	6.11	5.18	4.67	4.34	4.10	3.79	3.45	3.08	2.65
18	8.28	6.01	5.09	4.58	4.25	4.01	3.71	3.37	3.00	2.57
19	8.18	5.93	5.01	4.50	4.17	3.94	3.63	3.30	2.92	2.49
20	8.10	5.85	4.94	4.43	4.10	3.87	3.56	3.23	2.86	2.42
21	8.02	5.78	4.87	4.37	4.04	3.81	3.51	3.17	2.80	2.36
22	7.94	5.72	4.82	4.31	3.99	3.76	3.45	3.12	2.75	2.31
23	7.88	5.66	4.76	4.26	3.94	3.71	3.41	3.07	2.70	2.26
24	7.82	5.61	4.72	4.22	3.90	3.67	3.36	3.03	2.66	2.21
25	7.77	5.57	4.68	4.18	3.86	3.63	3.32	2.99	2.62	2.17
26	7.72	5.53	4.64	4.14	3.82	3.59	3.29	2.96	2.58	2.13
27	7.68	5.49	4.60	4.11	3.78	3.56	3.26	2.93	2.55	2.10
28	7.64	5.45	4.57	4.07	3.75	3.53	3.23	2.90	2.52	2.06
29	7.60	5.42	4.54	4.04	3.73	3.50	3.20	2.87	2.49	2.03
30	7.56	5.39	4.51	4.02	3.70	3.47	3.17	2.84	2.47	2.01
40	7.31	5.18	4.31	3.83	3.51	3.29	2.99	2.66	2.29	1.80
60	7.08	4.98	4.13	3.65	3.34	3.12	2.82	2.50	2.12	1.60
120	6.85	4.79	3.95	3.48	3.17	2.96	2.66	2.34	1.95	1.38
∞	6.64	4.60	3.78	3.32	3.02	2.80	2.51	2.18	1.79	1.00

$\alpha = 0.025$

n_2 \ n_1	1	2	3	4	5	6	8	12	24	∞
1	647.8	799.5	864.2	899.6	921.8	937.1	956.7	976.7	997.2	1018
2	38.51	39.00	39.17	39.25	39.30	39.33	39.37	39.41	39.46	39.50
3	17.44	16.04	15.44	15.10	14.88	14.73	14.54	14.34	14.12	13.90
4	12.22	10.65	9.98	9.60	9.36	9.20	8.98	8.75	8.51	8.26
5	10.01	8.43	7.76	7.39	7.15	6.98	6.76	6.52	6.28	6.02
6	8.81	7.26	6.60	6.23	5.99	5.82	5.60	5.37	5.12	4.85
7	8.07	6.54	5.89	5.52	5.29	5.12	4.90	4.67	4.42	4.14
8	7.57	6.06	5.42	5.05	4.82	4.65	4.43	4.20	3.95	3.67
9	7.21	5.71	5.08	4.72	4.48	4.32	4.10	3.87	3.61	3.33
10	6.94	5.46	4.83	4.47	4.24	4.07	3.85	3.62	3.37	3.08
11	6.72	5.26	4.63	4.28	4.04	3.88	3.66	3.43	3.17	2.88
12	6.55	5.10	4.47	4.12	3.89	3.73	3.51	3.28	3.02	2.72
13	6.41	4.97	4.35	4.00	3.77	3.60	3.39	3.15	2.89	2.60
14	6.30	4.86	4.24	3.89	3.66	3.50	3.29	3.05	2.79	2.49
15	6.20	4.77	4.15	3.80	3.58	3.41	3.20	2.96	2.70	2.40
16	6.12	4.69	4.08	3.73	3.50	3.34	3.12	2.89	2.63	2.32
17	6.04	4.62	4.01	3.66	3.44	3.28	3.06	2.82	2.56	2.25
18	5.98	4.56	3.95	3.61	3.38	3.22	3.01	2.77	2.50	2.19
19	5.92	4.51	3.90	3.56	3.33	3.17	2.96	2.72	2.45	2.13
20	5.87	4.46	3.86	3.51	3.29	3.13	2.91	2.68	2.41	2.09
21	5.83	4.42	3.82	3.48	3.25	3.09	2.87	2.64	2.37	2.04
22	5.79	4.38	3.78	3.44	3.22	3.05	2.84	2.60	2.33	2.00
23	5.75	4.35	3.75	3.41	3.18	3.02	2.81	2.57	2.30	1.97
24	5.72	4.32	3.72	3.38	3.15	2.99	2.78	2.54	2.27	1.94
25	5.69	4.29	3.69	3.35	3.13	2.97	2.75	2.51	2.24	1.91
26	5.66	4.27	3.67	3.33	3.10	2.94	2.73	2.49	2.22	1.88
27	5.63	4.24	3.65	3.31	3.08	2.92	2.71	2.47	2.19	1.85

n_1 n_2	1	2	3	4	5	6	8	12	24	∞
28	5.61	4.22	3.63	3.29	3.06	2.90	2.69	2.45	2.17	1.83
29	5.59	4.20	3.61	3.27	3.04	2.88	2.67	2.43	2.15	1.81
30	5.57	4.18	3.59	3.25	3.03	2.87	2.65	2.41	2.14	1.79
40	5.42	4.05	3.46	3.13	2.90	2.74	2.53	2.29	2.01	1.64
60	5.29	3.93	3.34	3.01	2.79	2.63	2.41	2.17	1.88	1.48
120	5.15	3.80	3.23	2.89	2.67	2.52	2.30	2.05	1.76	1.31
∞	5.02	3.69	3.12	2.79	2.57	2.41	2.19	1.94	1.64	1.00

$\alpha = 0.05$

n_1 n_2	1	2	3	4	5	6	8	12	24	∞
1	161.4	199.5	215.7	224.6	230.2	234.0	238.9	243.9	249.0	254.3
2	18.51	19.00	19.16	19.25	19.30	19.33	19.37	19.41	19.45	19.50
3	10.13	9.55	9.28	9.12	9.01	8.94	8.84	8.74	8.64	8.53
4	7.71	6.94	6.59	6.39	6.26	6.16	6.04	5.91	5.77	5.63
5	6.61	5.79	5.41	5.19	5.05	4.95	4.82	4.68	4.53	4.36
6	5.99	5.14	4.76	4.53	4.39	4.28	4.15	4.00	3.84	3.67
7	5.59	4.74	4.35	4.12	3.97	3.87	3.73	3.57	3.41	3.23
8	5.32	4.46	4.07	3.84	3.69	3.58	3.44	3.28	3.12	2.93
9	5.12	4.26	3.86	3.63	3.48	3.37	3.23	3.07	2.90	2.71
10	4.96	4.10	3.71	3.48	3.33	3.22	3.07	2.91	2.74	2.54
11	4.84	3.98	3.59	3.36	3.20	3.09	2.95	2.79	2.61	2.40
12	4.75	3.88	3.49	3.26	3.11	3.00	2.85	2.69	2.50	2.30
13	4.67	3.80	3.41	3.18	3.02	2.92	2.77	2.60	2.42	2.21
14	4.60	3.74	3.34	3.11	2.96	2.85	2.70	2.53	2.35	2.13
15	4.54	3.68	3.29	3.06	2.90	2.79	2.64	2.48	2.29	2.07
16	4.49	3.63	3.24	3.01	2.85	2.74	2.59	2.42	2.24	2.01
17	4.45	3.59	3.20	2.96	2.81	2.70	2.55	2.38	2.19	1.96

续　表

n_1 / n_2	1	2	3	4	5	6	8	12	24	∞
18	4.41	3.55	3.16	2.93	2.77	2.66	2.51	2.34	2.15	1.92
19	4.38	3.52	3.13	2.90	2.74	2.63	2.48	2.31	2.11	1.88
20	4.35	3.49	3.10	2.87	2.71	2.60	2.45	2.28	2.08	1.84
21	4.32	3.47	3.07	2.84	2.68	2.57	2.42	2.25	2.05	1.81
22	4.30	3.44	3.05	2.82	2.66	2.55	2.40	2.23	2.03	1.78
23	4.28	3.42	3.03	2.80	2.64	2.53	2.38	2.20	2.00	1.76
24	4.26	3.40	3.01	2.78	2.62	2.51	2.36	2.18	1.98	1.73
25	4.24	3.38	2.99	2.76	2.60	2.49	2.34	2.16	1.96	1.71
26	4.22	3.37	2.98	2.74	2.59	2.47	2.32	2.15	1.95	1.69
27	4.21	3.35	2.96	2.73	2.57	2.46	2.30	2.13	1.93	1.67
28	4.20	3.34	2.95	2.71	2.56	2.44	2.29	2.12	1.91	1.65
29	4.18	3.33	2.93	2.70	2.54	2.43	2.28	2.10	1.90	1.64
30	4.17	3.32	2.92	2.69	2.53	2.42	2.27	2.09	1.89	1.62
40	4.08	3.23	2.84	2.61	2.45	2.34	2.18	2.00	1.79	1.51
60	4.00	3.15	2.76	2.52	2.37	2.25	2.10	1.92	1.70	1.39
120	3.92	3.07	2.68	2.45	2.29	2.17	2.02	1.83	1.61	1.25
∞	3.84	2.99	2.60	2.37	2.21	2.09	1.94	1.75	1.52	1.00

$\alpha = 0.10$

n_1 / n_2	1	2	3	4	5	6	8	12	24	∞
1	39.86	49.50	53.59	55.83	57.24	58.20	59.44	60.71	62.00	63.33
2	8.53	9.00	9.16	9.24	9.29	9.33	9.37	9.41	9.45	9.49
3	5.54	5.46	5.36	5.32	5.31	5.28	5.25	5.22	5.18	5.13
4	4.54	4.32	4.19	4.11	4.05	4.01	3.95	3.90	3.83	3.76
5	4.06	3.78	3.62	3.52	3.45	3.40	3.34	3.27	3.19	3.10
6	3.78	3.46	3.29	3.18	3.11	3.05	2.98	2.90	2.82	2.72
7	3.59	3.26	3.07	2.96	2.88	2.83	2.75	2.67	2.58	2.47

n_1 n_2	1	2	3	4	5	6	8	12	24	∞
8	3.46	3.11	2.92	2.81	2.73	2.67	2.59	2.50	2.40	2.29
9	3.36	3.01	2.81	2.69	2.61	2.55	2.47	2.38	2.28	2.16
10	3.29	2.92	2.73	2.61	2.52	2.46	2.38	2.28	2.18	2.06
11	3.23	2.86	2.66	2.54	2.45	2.39	2.30	2.21	2.10	1.97
12	3.18	2.81	2.61	2.48	2.39	2.33	2.24	2.15	2.04	1.90
13	3.14	2.76	2.56	2.43	2.35	2.28	2.20	2.10	1.98	1.85
14	3.10	2.73	2.52	2.39	2.31	2.24	2.15	2.05	1.94	1.80
15	3.07	2.70	2.49	2.36	2.27	2.21	2.12	2.02	1.90	1.76
16	3.05	2.67	2.46	2.33	2.24	2.18	2.09	1.99	1.87	1.72
17	3.03	2.64	2.44	2.31	2.22	2.15	2.06	1.96	1.84	1.69
18	3.01	2.62	2.42	2.29	2.20	2.13	2.04	1.93	1.81	1.66
19	2.99	2.61	2.40	2.27	2.18	2.11	2.02	1.91	1.79	1.63
20	2.97	2.59	2.38	2.25	2.16	2.09	2.00	1.89	1.77	1.61
21	2.96	2.57	2.36	2.23	2.14	2.08	1.98	1.87	1.75	1.59
22	2.95	2.56	2.35	2.22	2.13	2.06	1.97	1.86	1.73	1.57
23	2.94	2.55	2.34	2.21	2.11	2.05	1.95	1.84	1.72	1.55
24	2.93	2.54	2.33	2.19	2.10	2.04	1.94	1.83	1.70	1.53
25	2.92	2.53	2.32	2.18	2.09	2.02	1.93	1.82	1.69	1.52
26	2.91	2.52	2.31	2.17	2.08	2.01	1.92	1.81	1.68	1.50
27	2.90	2.51	2.30	2.17	2.07	2.00	1.91	1.80	1.67	1.49
28	2.89	2.50	2.29	2.16	2.06	2.00	1.90	1.79	1.66	1.48
29	2.89	2.50	2.28	2.15	2.06	1.99	1.89	1.78	1.65	1.47
30	2.88	2.49	2.28	2.14	2.05	1.98	1.88	1.77	1.64	1.46
40	2.84	2.44	2.23	2.09	2.00	1.93	1.83	1.71	1.57	1.38
60	2.79	2.39	2.18	2.04	1.95	1.87	1.77	1.66	1.51	1.29
120	2.75	2.35	2.13	1.99	1.90	1.82	1.72	1.60	1.45	1.19
∞	2.71	2.30	2.08	1.94	1.85	1.17	1.67	1.55	1.38	1.00

附　录　概率统计中常用高等数学概念和公式

一、数列的极限

设数列 $\{a_n\}$，如果对于任意给定的 $\varepsilon > 0$，总存在一个正整数 N，当 $n > N$ 时，$|a_n - a| < \varepsilon$ 恒成立，则称当 n 趋于无穷大时，数列 $\{a_n\}$ 以常数 a 为极限，记作

$$\lim_{n \to \infty} a_n = a，\text{或} a_n \to a(n \to \infty).$$

二、函数的连续性

1. 一元函数连续的定义

设函数 $y = f(x)$ 在 x_0 的某一邻域 $|x - x_0| < \delta$ 内有定义，如果极限 $\lim\limits_{x \to x_0} f(x) = f(x_0)$（或 $\lim\limits_{\Delta x \to 0} f(x_0 + \Delta x) = f(x_0)$），则称函数 $f(x)$ 在点 x_0 处是连续的.

如果极限 $\lim\limits_{x \to x_0^+} f(x) = f(x_0)$，则称函数 $f(x)$ 在点 x_0 处是右连续的.

如果极限 $\lim\limits_{x \to x_0^-} f(x) = f(x_0)$，则称函数 $f(x)$ 在点 x_0 处是左连续的.

注：函数 $f(x)$ 在点 x_0 处连续等价于函数 $f(x)$ 在点 x_0 处左、右连续.

2. 二元函数连续的定义

设函数 $z = f(x,y)$ 得定义域为 D，且 $P_0(x_0, y_0) \in D$，若

$$\lim_{(x,y) \to (x_0, y_0)} f(x,y) = f(x_0, y_0),$$

则称函数 $f(x,y)$ 在点 $P_0(x_0, y_0)$ 处连续.

三、导数与微分

1. 导数定义

设函数 $y = f(x)$ 在点 x_0 的某个邻域内有定义，当自变量 x 在 x_0 处取得增量 Δx（点 $x_0 + \Delta x$ 仍在该邻域内）时，函数 $y = f(x)$ 相应地取得增量 $\Delta y = f(x_0 + \Delta x) - f(x_0)$，如果 $\lim\limits_{\Delta x \to 0} \dfrac{\Delta y}{\Delta x}$ 存在，则称函数 $f(x)$ 在点 x_0 处可导，并称这个极限值为函数 $f(x)$ 在点 x_0 处的导数，记为 $y'|_{x=x_0}$，即

$$y'\Big|_{x=x_0} = \lim_{\Delta x \to 0} \frac{\Delta y}{\Delta x} = \lim_{\Delta x \to 0} \frac{f(x_0 + \Delta x) - f(x_0)}{\Delta x}.$$

2. 微分定义

设函数 $y = f(x)$ 在某区间内有定义，x_0 及 $x_0 + \Delta x$ 在该区间内，如果 $\Delta y = f(x_0 + \Delta x) - f(x_0) = A\Delta x + o(\Delta x)$，其中 A 是不依赖于 Δx 的常数，$o(\Delta x)$ 是比 Δx 高阶的无穷小，则称函数 $y = f(x)$ 在点 x_0 处可微，$A\Delta x$ 称为函数 $y = f(x)$ 在点 x_0 处的微分，记作 $\mathrm{d}y$，且有 $\mathrm{d}y = A\Delta x = f'(x_0)\Delta x$.

微分的应用：$f(x + \Delta x) - f(x) \approx f'(x)\Delta x$.

3. 基本求导法则与导数公式

常数和基本初等函数导数公式：

(1) $(C)' = 0$,

(2) $(x^\mu)' = \mu x^{\mu-1}$,

(3) $(\sin x)' = \cos x$,

(4) $(\cos x)' = -\sin x$,

(5) $(\tan x)' = \sec^2 x$,

(6) $(\cot x)' = -\csc^2 x$,

(7) $(\sec x)' = \sec x \tan x$,

(8) $(\csc x)' = -\csc x \cot x$,

(9) $(a^x)' = a^x \ln a$,

(10) $(\mathrm{e}^x)' = \mathrm{e}^x$,

(11) $(\log_a x)' = \dfrac{1}{x \ln a}$,

(12) $(\ln x)' = \dfrac{1}{x}$,

(13) $(\arcsin x)' = \dfrac{1}{\sqrt{1-x^2}}$,

(14) $(\arccos x)' = -\dfrac{1}{\sqrt{1-x^2}}$,

(15) $(\arctan x)' = \dfrac{1}{1+x^2}$,

(16) $(\mathrm{arccot}\,x)' = -\dfrac{1}{1+x^2}$.

函数和、差、积、商的求导公式：设 $u = u(x)$，$v = v(x)$ 都可导，则

(1) $(u \pm v)' = u' \pm v'$,

(2) $(Cu)' = Cu'$（C 是常数），

(3) $(uv)' = u'v + uv'$,

(4) $\left(\dfrac{u}{v}\right)' = \dfrac{u'v - uv'}{v^2}$（$v \neq 0$）.

复合函数的求导法则：

$$y = f(u), u = g(x), \frac{\mathrm{d}y}{\mathrm{d}x} = \frac{\mathrm{d}y}{\mathrm{d}u} \cdot \frac{\mathrm{d}u}{\mathrm{d}x} = f'(u) \cdot g'(x).$$

反函数的求导法则：

如果函数 $x = f(y)$ 在某区间 I_y 内单调、可导且 $f'(y) \neq 0$，那么它的反函数 $y = f^{-1}(x)$ 在对应区间 I_x 内也可导，且有公式

$$\left[f^{-1}(x)\right]' = \frac{1}{f'(y)} = \frac{1}{f'[f^{-1}(x)]} \quad \text{或} \quad \frac{\mathrm{d}y}{\mathrm{d}x} = \frac{1}{\dfrac{\mathrm{d}x}{\mathrm{d}y}}.$$

四、一元函数积分

1. 不定积分常用公式

基本公式：

(1) $\int k\mathrm{d}x = kx + C$,　　　　(2) $\int x^\mu \mathrm{d}x = \dfrac{1}{\mu+1}x^{\mu+1} + C\ (\mu \neq -1)$,

(3) $\int \dfrac{1}{x}\mathrm{d}x = \ln|x| + C$,　　　　(4) $\int a^x \mathrm{d}x = \dfrac{a^x}{\ln a} + C$,

(5) $\int \mathrm{e}^x \mathrm{d}x = \mathrm{e}^x + C$,　　　　(6) $\int \sin x \mathrm{d}x = -\cos x + C$,

(7) $\int \cos x \mathrm{d}x = \sin x + C$,　　　　(8) $\int \dfrac{1}{\cos^2 x}\mathrm{d}x = \int \sec^2 x \mathrm{d}x = \tan x + C$,

(9) $\int \dfrac{1}{\sin^2 x}\mathrm{d}x = \int \csc^2 x \mathrm{d}x = -\cot x + C$,

(10) $\int \sec x \tan x \mathrm{d}x = \sec x + C$,　　(11) $\int \csc x \cot x \mathrm{d}x = -\csc x + C$,

(12) $\int \dfrac{\mathrm{d}x}{\sqrt{1-x^2}} = \arcsin x + C$,　　(13) $\int \dfrac{\mathrm{d}x}{1+x^2} = \arctan x + C$,

(14) $\int \tan x \mathrm{d}x = -\ln|\cos x| + C$,　　(15) $\int \cot x \mathrm{d}x = \ln|\sin x| + C$,

(16) $\int \sec x \mathrm{d}x = \ln|\sec x + \tan x| + C$,

(17) $\int \csc x \mathrm{d}x = \ln|\csc x - \cot x| + C$,

(18) $\int \dfrac{\mathrm{d}x}{a^2 + x^2} = \dfrac{1}{a}\arctan \dfrac{x}{a} + C$,

(19) $\int \dfrac{\mathrm{d}x}{\sqrt{a^2 - x^2}} = \arcsin \dfrac{x}{a} + C$,

(20) $\int \dfrac{1}{x^2 - a^2}\mathrm{d}x = \dfrac{1}{2a}\ln\left|\dfrac{x-a}{x+a}\right| + C$.

分部积分公式：

$$\int uv'\mathrm{d}x = uv - \int vu'\mathrm{d}x,\ \text{或}\int u\mathrm{d}v = uv - \int v\mathrm{d}u \quad (\mathrm{d}v = v'\mathrm{d}x, \mathrm{d}u = u'\mathrm{d}x).$$

2. 牛顿-莱布尼兹公式

积分上限函数的导数：如果函数 $f(x)$ 在 $[a,b]$ 上连续，则 $\Phi(x) = \int_a^x f(t)\mathrm{d}t$ 可导，且

$$\Phi'(x) = \dfrac{\mathrm{d}}{\mathrm{d}x}\int_a^x f(t)\mathrm{d}t = f(x) \quad (a \leqslant x \leqslant b).$$

原函数存在定理：如果函数 $f(x)$ 在区间 $[a,b]$ 上连续，则函数 $\Phi(x)=\int_a^x f(t)\mathrm{d}t$ 就是被积函数 $f(x)$ 在区间 $[a,b]$ 上的原函数.

牛顿-莱布尼公式：如果 $F(x)$ 是连续函数 $f(x)$ 在区间 $[a,b]$ 上的一个原函数，则

$$\int_a^b f(x)\mathrm{d}x = F(b)-F(a),$$

或记

$$\int_a^b f(x)\mathrm{d}x = F(x)\big|_a^b.$$

定积分 $\int_a^b f(x)\mathrm{d}x$ 的几何意义：若 $f(x)\geqslant 0$，则 $\int_a^b f(x)\mathrm{d}x$ 表示由曲线 $y=f(x)$，$x=a$，$x=b$ 及 x 轴所围成的曲边梯形的面积.

五、无穷级数

1. 无穷级数收敛概念

如果级数 $\sum_{u=1}^{\infty} u_n$ 的部分和数列 $\{S_n\}$ 有极限，即 $\lim_{n\to\infty} S_n = S$，则称无穷级数 $\sum_{u=1}^{\infty} u_n$ 收敛，此时极限 S 称为该级数的和，并记为

$$S = u_1 + u_2 + \cdots + u_n + \cdots;$$

如果 $\{S_n\}$ 无极限，则称无穷级数 $\sum_{u=1}^{\infty} u_n$ 发散.

级数收敛的必要条件：如果级数 $\sum_{u=1}^{\infty} u_n$ 收敛，则 u_n 趋于零，即 $\lim_{n\to\infty} u_n = 0$.

2. 常数项级数的收敛

（1）几何级数（等比级数）

$\sum_{n=0}^{\infty} aq^n$，当 $|q|<1$ 时，收敛于 $\dfrac{a}{1-q}$；当 $|q|\geqslant 1$ 时，发散.

（2）p-级数

$\sum_{n=1}^{\infty} \dfrac{1}{n^p}$，当 $p>1$ 时收敛，当 $p\leqslant 1$ 时发散.

3. 幂级数

泰勒级数：$f(x)=\sum_{n=0}^{\infty} \dfrac{f^{(n)}(x_0)}{n!}(x-x_0)^n$ 为 $(x-x_0)$ 的幂级数.

麦克劳林级数：$f(x)=\sum_{n=0}^{\infty} \dfrac{f^{(n)}(0)}{n!}x^n$ 为 x 的幂级数.

4. 常用初等函数的展开式

几何函数 $\quad \dfrac{1}{1-x}=\sum_{n=0}^{\infty} x^n \quad (-1<x<1);$

指数函数　　　$e^x = \sum_{n=0}^{\infty} \dfrac{x^n}{n!} \quad (-\infty < x < +\infty)$；

正弦函数　　　$\sin x = \sum_{n=0}^{\infty} (-1)^n \dfrac{x^{2n+1}}{(2n+1)!} \quad (-\infty < x < +\infty)$.

六、二重积分的计算

二重积分 $\iint\limits_D f(x,y)\mathrm{d}\sigma$ 的计算可以归结为求两次定积分的计算,即将二重积分化为累次积分.

根据积分区域 D 的特点,在直角坐标系下计算二重积分的两个常用结果:

1. 积分区域 D_X

如图附录-1, $D_X = \{(x,y) \mid a \leqslant x \leqslant b, \varphi_1(x) \leqslant y \leqslant \varphi_2(x)\}$,

$$\iint\limits_D f(x,y)\mathrm{d}\sigma = \int_a^b \mathrm{d}x \int_{\varphi_1(x)}^{\varphi_2(x)} f(x,y)\mathrm{d}y；$$

2. 积分区域 D_Y

如图附录-2, $D_Y = \{(x,y) \mid c \leqslant y \leqslant \mathrm{d}, \psi_1(y) \leqslant x \leqslant \psi_2(y)\}$,

$$\iint\limits_D f(x,y)\mathrm{d}\sigma = \int_c^d \mathrm{d}y \int_{\psi_1(y)}^{\psi_2(y)} f(x,y)\mathrm{d}x.$$

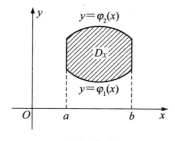

图附录-1

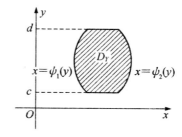

图附录-2

参 考 文 献

[1] 肖筱南.新编概率论与数理统计.北京：北京大学出版社,2002.

[2] 张继昌.概率论与数理统计教程.第二版.杭州：浙江大学出版社,2006.

[3] 袁荫棠.概率论与数理统计.第二版.北京：人民大学出版社,2008.

[4] 盛骤,谢式千,潘承毅.概率论与数理统计.第三版.北京：高等教育出版社,2005.

[5] 复旦大学.概率论.北京：高等教育出版社,1979.

[6] 应坚刚,何萍.概率论.上海：复旦大学出版社,2006.

[7] 谢珓,尹素菊,陈立萍,李寿梅.概率论与数理统计解题指导.北京：北京大学出版社,2003.

[8] 范金城.概率论与数理统计基本题.西安：西安交通大学出版社,2001.